"十四五"国家重点出版物专项规划

青少年人工智能科普丛书 | 总主编 邱玉辉

漫话深度学习

葛继科 陈祖琴 / 编著

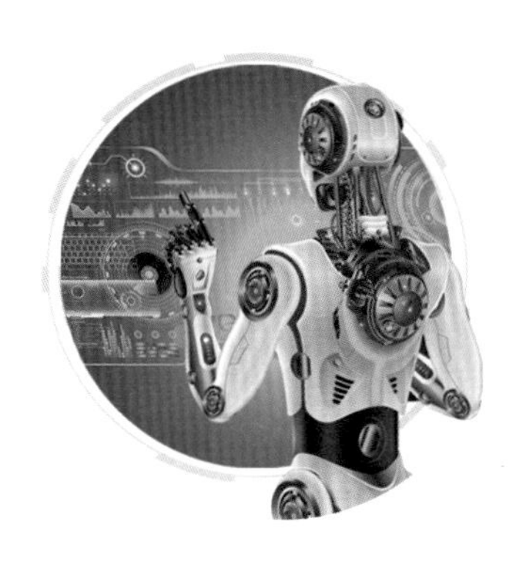

西南大学出版社
SWUP 国家一级出版社 全国百佳图书出版单位

图书在版编目(CIP)数据

漫话深度学习 / 葛继科, 陈祖琴编著. -- 重庆 : 西南大学出版社, 2023.7
ISBN 978-7-5697-1896-6

Ⅰ. ①漫… Ⅱ. ①葛… ②陈… Ⅲ. ①机器学习—青少年读物 Ⅳ. ①TP181-49

中国国家版本馆CIP数据核字(2023)第113934号

漫话深度学习

MANHUA SHENDU XUEXI

葛继科　陈祖琴◎编著

责任编辑:张浩宇
责任校对:杨光明
装帧设计:闰江文化
排　　版:夏　洁
出版发行:西南大学出版社(原西南师范大学出版社)
　　　　网址:www.xdcbs.com
　　　　地址:重庆市北碚区天生路2号
　　　　邮编:400715
经　　销:全国新华书店
印　　刷:重庆市涪陵区夏氏印务有限公司
幅面尺寸:140mm × 203mm
印　　张:5
字　　数:170千字
版　　次:2023年7月 第1版
印　　次:2023年7月 第1次印刷
书　　号:ISBN 978-7-5697-1896-6
定　　价:39.00元

总主编简介

邱玉辉，教授(二级)，西南大学博士生导师，中国人工智能学会首批会士，重庆市计算机科学与技术首批学术带头人，第四届国家教育部科学技术委员会信息学部委员，中共党员。1992年起享受政府特殊津贴。

曾担任中国人工智能学会副理事长、中国数理逻辑学会副理事长、中国计算机学会理事、重庆计算机学会理事长、重庆人工智能学会理事长、重庆计算机安全学会理事长、重庆软件行业协会理事长、《计算机研究与发展》编委、《计算机科学》编委、《计算机应用》编委、《智能系统学报》编委、科学出版社《智能科学技术著作丛书》编委、《电脑报》总编、美国IEEE高级会员、美国ACM会员、中国计算机学会高级会员。长期从事非单调推理、近似推理、神经网络、机器学习和分布式人工智能、物联网、云计算、大数据的教学和研究工作。已指导毕业博士后2人、博士生33人、硕士生25人。发表论文420余篇(在国际学术会议和杂志发表人工智能方面的学术论文300余篇，全国性的学术会议和重要核心刊物发表人工智能方面的学术论文100余篇)。出版学术著作《自动推理导论》(电子科技大学出版社，1992年)、《专家系统中的不确定推理——模型、方法和理论》(科学技术文献出版社，1995年)、《人工智能探索》(西南师范大学出版社，1999年)和主编《数据科学与人工智能研究》(西南师范大学出版社，2018年)，《量子人工智能》(西南师范大学出版社，2021年)，主编《计算机基础教程》(西南师范大学出版社，1999年)等20余种。主持、主研完成国家"973"项目、"863"项目、自然科学基金、省市基金和攻关项目16项。获省(部)级自然科学奖、科技进步奖四项，获省(部)级优秀教学成果奖四项。

《青少年人工智能科普丛书》编委会

人工智能(Artificial Intelligence，缩写为 AI)是计算机科学的一个分支，是建立智能机，特别是智能计算机程序的科学与工程，它与用计算机理解人类智能的任务相关联。AI已成为产业的基本组成部分，并已成为人类经济增长、社会进步的新的技术引擎。人工智能是一种新的具有深远影响的数字尖端科学，人工智能的快速发展，将深刻改变人类的生活与工作方式。世界各国政府都意识到，人工智能是开启未来智能世界的钥匙，是未来科技发展的战略制高点。

今天，人工智能被广泛认为是计算机化系统，它以通常认为需要智能的方式工作和反应，比如学习、在不确定和不同条件下解决问题和完成任务。人工智能有一系列的方法和技术，包括机器学习、自然语言处理和机器人技术等。

2016年以来，各国纷纷制订发展计划，投入重金抢占新一轮科技变革的制高点。美国、中国、俄罗斯、英国、日本、德国、韩国等国家近几年纷纷出台多项战略计划，积极推动人工智能发展。企业将人工智能作为未来的发展方向积极布局，围绕人工智能的创新创业也在不断涌现。

牛津大学的未来人类研究所曾发表一项人工智能调查报告——《人工智能什么时候会超过人类的表现》，该调查报告包含了352名机器学习研究人员对人工智能未来若干年演化的估计。该调查报告的受访者表示，到2026年，机器将能够写学术论文；到2027年，自动驾驶卡车将无需驾驶员；到2031年，人工智能在零售领域的表现将超过人类；到2049年，人工智能可能造就下一个斯蒂芬·金；到2053年，将造就下一个查理·托；到2137年，所有人类的工作都将实现自动化。

今天，智能的概念和智能产品已随处可见，人工智能的相关知识已成为人们必备的知识。为了普及和推广人工智能，西南大学出版社组织该领域的专家编写了《青少年人工智能科普丛书》。该套丛书的各个分册力求内容科学，深入浅出，通俗易懂，图文并茂。

人工智能正处于快速发展中，相关的新理论、新技术、新方法、新平台、新应用不断涌现，本丛书不可能都关注到，不妥之处在所难免，敬请读者批评和指正。

邱玉辉

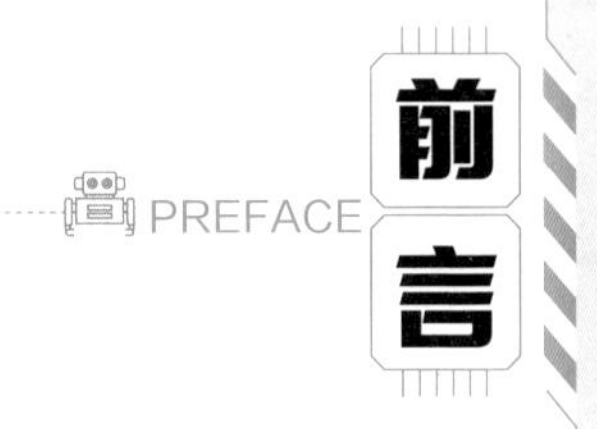

前言

人工智能技术已进入加速发展的新阶段，人工智能时代的来临将对我们的生活产生深远的影响。发展人工智能将驱动经济繁荣，提升国家综合竞争力，并为社会进步带来新的机遇。深度学习作为当代人工智能蓬勃发展的主要驱动力之一，正在深刻地影响着社会的发展，已成为当前最具影响力的人工智能技术。

本书是面向青少年的科普读物，简要讲述了深度学习的发展历程、基本概念以及实际应用，以期使读者理解深度学习的基本原理，并结合常见的应用场景，理解深度学习技术的基本工作方式及其在社会生活中的实际应用效果。此外，本书还尝试探讨了未来人工智能技术发展与人类发展的关系。本书强调深度学习基本理念与原理的传递，注重读者创造力、想象力以及整体思考能力的培养，力求为读者创新思维能力的形成与提升奠定基础。

本书围绕人工智能知识体系中的深度学习这一主题，通过采用案例学习方法+启发式教学，并以支撑求解案例的技术、方法和应用的简明介绍来引导读者学习。在内容设置和知识传授方式上，本书与您看到的其他人工智能类书籍有很大的不同，它既不是高等学校人工智能类教材的压缩，也不是国外人工智能类教材的翻译。本书只是重点介绍与深度学习相关的技术、方法和应用，并不对高深的技术进行探讨和陈述，力求寓晦涩难懂的理论于浅显易懂的案例介绍中，给读者带来有趣、形象的学习体验，实现“寓教于乐”的目的。

综合来看，本书具有如下特点：

1. 内容丰富，知识面广，符合初学者的需求

本书涵盖了深度学习的相关理论、算法及应用领域，非常注重这些知识的基础性和实用性。全书对深度学习的相关知识点进行了画龙点睛式的介绍，这种安排不但对初学阶段必备的知识进行了重点介绍，还能够使读者对比较深入的知识有一个大致的了解，为后续的深入学习奠定必要的基础。

2. 文字描述生动有趣，通俗易懂，实例贴近生活

按照人类认知规律，本书内容介绍环环相扣、前后连贯。没有冗长的说教，而是结合现实生活中的具体事例，以生动有趣的语言进行通俗易懂的讲解，确保内容能够在最大程度上被读者所理解和掌握。

3. 图文并茂，避免了阅读过程的枯燥无味

深度学习作为目前的“网红”技术，其实也是目前“高大上”的技术，很难通过只言片语把它解释清楚。俗话说：“一图胜千言。”所以，在本书中，我们会不失时机地插入一些具有辅助作用的图片，用恰当的图片替代那些枯燥无味的文字并降低读者的理解难度。

在本书的编写和出版过程中，得到了西南大学出版社的大力支持和帮助，在此表示感谢。本书撰写过程中参考了大量专业书籍和网络资料，在此向这些作者表示感谢。

由于编写时间仓促，编者水平有限，书中难免存在缺点和不足，殷切期望得到专家和读者的批评指正。

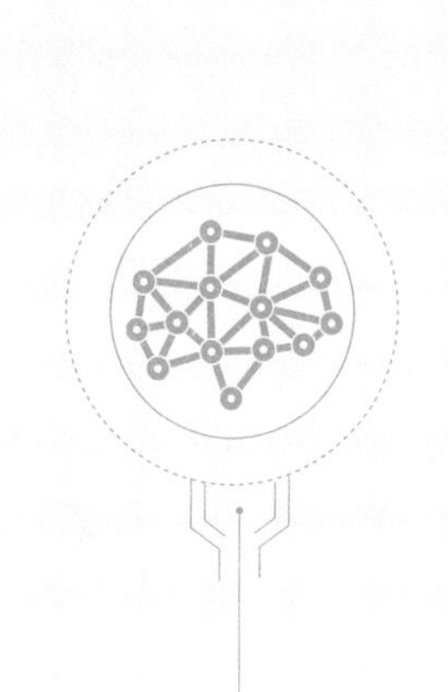

第一章 深度学习：开启人工智能新时代

第二章 神经网络：深度学习的精髓

第三章 看图识物：深度学习比你还准确

第一章
深度学习：开启人工智能新时代

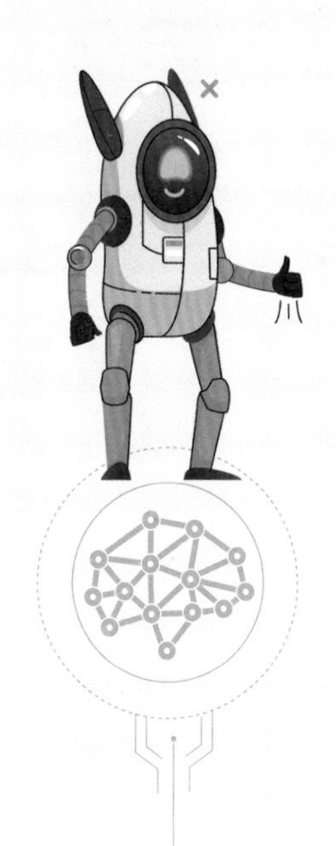

人类历史从未像今天这样复杂、玄妙。身处在这个智能化时代的人们，无论是辛苦工作的上班族，还是四处游玩的旅行者，都能在工作和生活中享受到网络化和智能化带来的便利和舒适。而这一切的根源——人工智能(Artifical Intelligence，AI)，正在逐渐改变人们的生活、工作方式，并以前所未有的速度促进着科技的进步并造福人类。在这新一轮人工智能发展浪潮中，深度学习无疑成为最热门的技术。

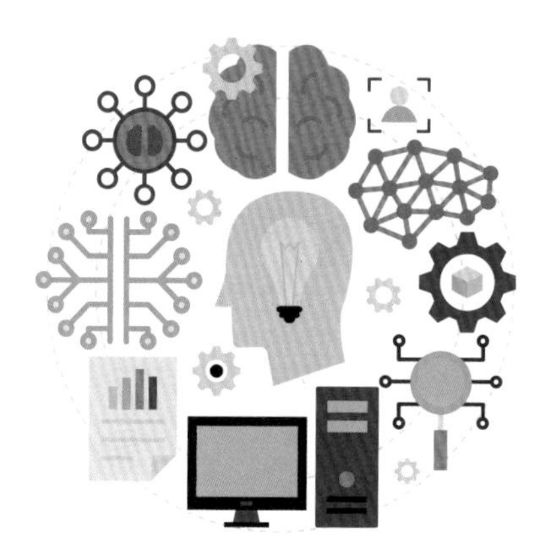

1.1 未来生活缩影

2029年5月9日早上7点，小智听到一个温柔的声音："小智，新一天的旅程开启了，现在是北京时间早上7点钟，温度25 ℃，晴。"这是由智能家居系统控制卧室音响所发出的声音，它就像是一位忠实的管家，能够每天分秒不差地关注小智的生活。

图1-1　现代智能家居概念图

◆早餐时刻：厨房机器人

小智起床后，走进餐厅，厨房机器人已经根据小智的口味偏好以及最近的健康监测数据，准备好了一份健康又美味的早餐。在吃早餐的同时，小智还能通过餐厅的屏幕观看新闻，足不出户便知晓天下事。

图1-2　厨房机器人

◆上班之路:无人驾驶

吃完早餐,小智带着愉悦的心情准备去上班。智能家居系统一直在分析小智的行动轨迹,感知到小智要出门,提前命令无人驾驶汽车自主停靠在家门前等候。小智走到车前,车门自动打开,上车后,车门又自动关上。

小智确认了到达地点,无人驾驶系统搜索路况信息并选择一条最佳的线路后,车子开始启动,在车载激光雷达和各个方位的视频传感器的感知下,无人驾驶系统实时观测车辆和行人信息,从而避免发生交通事故。

图1-3　无人驾驶

小智是一名新闻工作者,今天的任务是采访一名外科医生和银行经理。

◆工作访谈:智慧医疗和智能金融

小智抵达公司后,王医生和张经理也刚好到达访谈室。

小智说:"欢迎王医生和张经理接受本次采访,今天谈谈人工智能给你们行业带来的影响。"

王医生说:"在医疗行业提高诊断效率及服务质量,解决医疗资源短缺问题方面,人工智能技术做出了巨大贡献。"

张经理说:"人工智能技术能够提高银行的工作效率,也给客户带来了智能化的服务。"

小智说:"可以介绍一下人工智能在你们行业的具体应用吗?"

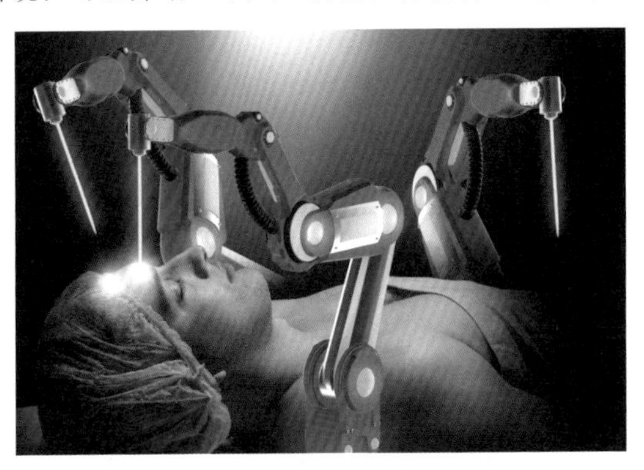

图1-4　手术机器人

王医生说:"在医疗领域中,医疗辅助智能问答机器人解决了病急乱投医的问题;医疗影像辅助临床医生诊断癌症患者;虚拟助手帮助医生和护士更早地发现病情并及时采取措施;医用机器人在外科手术领域里,表现出精确度高、可靠性强、手术创口小、系统定位准确等特点。这些技术在医疗行业已得到广泛应用。"

张经理说:“在银行理财中,用户可以咨询智能投资顾问,自行选择适合自己财务状况的投资方式;智能推荐系统也可以结合用户偏好,给用户发送他感兴趣的理财产品;几乎所有的财务结算完全由智能系统处理,不但速度快,而且准确率也极高。”

小智说:“感谢王医生和张经理接受本次采访。”

采访结束后,智能工作助手已经将今天的访谈内容制作成新闻视频并写好了新闻稿,待小智审核同意后,智能工作助手及时地将本次采访的相关信息发布在了不同的媒体上。

小智在轻松、愉快的氛围中结束了一天的工作,下班后坐上车畅通无阻地回家了。

◆想一想:

朋友们,看了小智的生活及工作情况是否有一些憧憬呢?发挥你的想象,想一想你未来的生活会是怎样的呢?

1.2 深度学习是什么

作为机器学习最重要的一个分支,深度学习近年来发展迅猛,引起了国内外学者及信息技术产业的广泛关注,其应用领域也越来越广泛。

那么,什么是深度学习呢?2006年,杰弗里·辛顿和他的学生鲁斯兰·萨拉赫丁诺夫正式提出了“深度学习”的概念。他们在世界顶级学术期刊《科学》上发表的一篇文章中给出了详细的“梯度消失”问题的解决方案:无监督预训练对权值进行初始化+有监督训练调优。其主要思想是先通过自主学习的方法学习到训练数据的结构(自动编码器),然后在该结构上进行有监督训练微调。该方法一经提出,立即在学术圈引起了巨大的反响,而后又迅速传播到工业界。自此,深度学习便出现在人们的视野中,表现出越来越强大的功能。

深度学习的学习过程与人们学习下棋类似。新手因为不懂章法,所以下棋时总是输,下的次数多了,逐渐意识到各种走法对最终的输赢起到的作用,慢慢地就能在每走一步棋时依据自己的计划及对手的应对策略等做出更合理的决策。

2011年,微软首次将深度学习应用在语音识别上,取得了重大突破。2012年,在著名的图网(ImageNet)大规模视觉识别挑战赛中,杰弗里·辛顿领导的小组构建的深度学习模型AlexNet一举夺冠。同年，由斯坦福大学著名的吴恩达教授和世界顶尖计算机专家杰夫·狄恩共同主导的深度神经网络技术在图像识别领域取得了惊人的成绩，在ImageNet评测中成功地把错误率从26%降低到了15%。深度学习算法在世界大赛中脱颖而出，也再一次吸引了学术界和工业界对于深度学习方法的关注。

图1-5　吴恩达（左）和杰夫·狄恩（右）

2014年，Facebook基于深度学习技术的DeepFace项目，在人脸识别方面的准确率已经能达到97%以上，跟人类识别的准确率几乎没有差别。这也再一次证明了深度学习算法在图像识别方面的优势。

2016年，随着谷歌公司基于深度学习技术开发出来的AlphaGo（阿尔法狗）以4:1的比分战胜了国际围棋高手李世石，从此深度学习的热度空前高涨。后来，AlphaGo又接连和众多世界级围棋高手过招，均取得了完胜。这也证明了在围棋界，基于深度学习技术的机器人已经超越了人类。

图1-6　AlphaGo对战李世石

2017年10月19日，在国际学术期刊《自然》上发表的一篇研究论文中，谷歌的下属公司DeepMind报告了新版程序AlphaGo Zero。基于强化学习算法的AlphaGo Zero，采用“从零开始”“无师自通”的学习模式，以100∶0的比分轻而易举地打败了之前的AlphaGo Lee。除了围棋，它还精通国际象棋等其他棋类游戏，可以说是真正的棋类“天才”。在这一年，深度学习的相关算法在医疗、金融、艺术、无人驾驶等多个领域均取得了显著成果。所以，也有人把2017年看作深度学习甚至是人工智能发展最为突飞猛进的一年。

在当前深度学习的浪潮之下，谷歌、微软、百度、阿里巴巴、科大讯飞、海康威视等企业已将深度学习技术广泛应用于智能搜索、智能问答、语音识别、图像识别等领域。不管是人工智能的相关从业者还是其他各行各业的工作者，都在以开放、学习的心态关注深度学习及人工智能的热点动态。人工智能正在悄无声息地改变着我们的生活！

由上述内容可知，深度学习是一些复杂的机器学习算法，最终目标是让机器能够像人一样具有分析学习能力，能够识别文字、图像和声音等内容。

1.3 人工智能、机器学习与深度学习的关系

近年来,人工智能已成为科研人员关注的一个热点,应用在各领域并取得了不错的成绩。前文多次提及人工智能、机器学习和深度学习等名词,那么人工智能、机器学习与深度学习之间有什么关系呢?

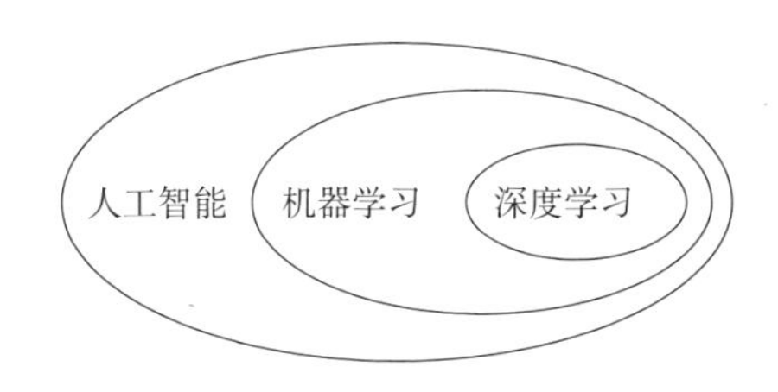

图1-7 人工智能、机器学习与深度学习的关系图

如图1-7所示,人工智能、机器学习与深度学习是具有包含关系的几个领域。人工智能领域涵盖的内容非常广泛,它需要解决的问题可以划分为很多种类。机器学习是20世纪末发展起来的一种实现人工智能的重要手段。深度学习是机器学习的一个分支,解决了传统机器学习方法面临的问题,促进了人工智能领域的发展。下面简要介绍它们的概念及其应用领域。

(1)人工智能

人工智能是研究、开发用于模拟、延伸和扩展人的智能的理论、

方法、技术及应用系统的一门新的技术科学。人工智能是计算机科学的一个分支,它企图了解智能的实质,并生产出一种新的能以与人类智能相似的方式做出反应的智能机器,该领域的研究包括机器人、语言识别、图像识别、自然语言处理和专家系统等。

人工智能的应用领域十分广泛,如问题求解、逻辑推理与定理证明、自然语言理解、自动程序设计、专家决策支持系统、机器人学、机器视觉、智能控制、智能检索、智能调度与指挥、数据挖掘与知识发现、人工生命、AI艺术等。下面简要介绍AI艺术、智能推荐两个典型的人工智能应用实例。

2016年,一款名为Prisma的手机应用软件流行开来,它综合了人工神经网络技术和人工智能技术,获取著名绘画大师和主要流派的艺术风格,对用户的照片进行智能风格化处理,将用户手机中那些一般的照片处理成著名艺术家画作的风格。

图1-8　Prisma创作结果(左边为原始图片,右边为风格化处理后的效果)

与Prisma软件具有类似功能的还有美图秀秀,它的图片特效、美容、拼图、场景、边框、饰品等功能,可以在一分钟内做出具有各种效果的照片,还能一键分享到新浪微博、QQ空间、微信朋友圈等,已成为大多数年轻人手机上的必备应用。

用手机看热点新闻已成为很多人每天的“必修课”。像“抖音”“西瓜视频”及“今日头条”这样的视频及新闻类应用之所以火爆，是因为其采用了人工智能技术。应用程序可以根据不同用户看视频或新闻时的习惯、爱好，给用户推荐他们感兴趣的视频或新闻。带智能推荐功能的应用，使得用户感觉越经常使用，机器就越懂得自己的“心思”，好像是专门为自己量身定制的一样。

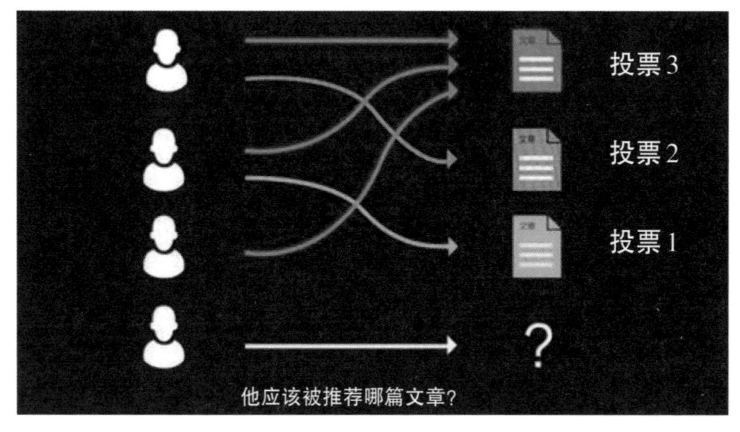

图1-9 “今日头条”基于投票策略的个性化推荐算法

注：今日头条的个性化推荐算法原理是基于投票的方法，其核心理念就是投票，每个用户一票，喜欢哪一篇文章就把票投给这篇文章，经过统计，最后得到的结果很可能是这个人群最喜欢的文章，因此把这篇文章推荐给同类用户。图1-9中，有3篇文章，让3个用户投票（这3个用户是同一类人，有相同偏好），那么第4个用户被系统推荐的文章应该是哪一篇呢？由于第4个用户与前3个用户是同一类人，答案显而易见是第1篇文章。

◆想一想：

有时候你会接到莫名其妙的电话，好像跟你通话的不是人类，但是也能够回答你提出的问题，这是人工智能应用吗？如果是，应该属于什么应用呢？

(2)机器学习

作为人工智能的一个分支，机器学习专门研究计算机怎样模拟或实现人类的学习行为，以获取新的知识或技能，重新组织已有的知识结构使之不断改善自身的性能。机器学习是一门多领域交叉学科，涉及概率论、统计学、逼近论、算法复杂度理论等多门学科，它是人工智能的核心，是使计算机具有智能的根本途径。

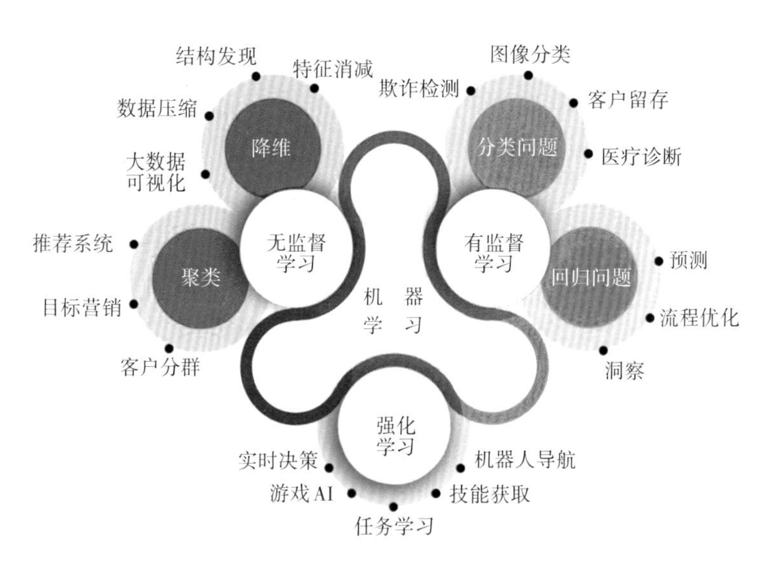

图1-10　机器学习技术及其应用

机器学习的应用非常广泛，无论是军事领域还是民用领域，都有机器学习算法施展本领的场合，主要包括：数据分析与挖掘、模式识别、关联分析、预测分析等。

数据分析与挖掘技术是机器学习算法和数据存取技术的结合,利用机器学习提供的统计分析、知识发现等手段分析海量数据,同时利用数据存取机制实现数据的高效读写。模式识别的应用领域非常广泛,包括计算机视觉、医学图像分析、光学文字识别、自然语言处理、语音识别、手写识别、生物特征识别、文件分类、搜索引擎等。机器学习中的典型应用还有关联分析。举个简单的例子:通过调研超市顾客购买的东西,可以发现30%的顾客会同时购买床单和枕套,而在购买床单的顾客中有80%的人购买了枕套,这就存在一种隐含的关系:床单→枕套。也就是说购买床单的顾客有很大可能会购买枕套,因此商场可以将床单和枕套放在同一个购物区,方便顾客购买。预测分析是在企业经营预测过程中,或者其他决策生成过程中,根据过去和现在的情况预计未来,以及根据已知推测未知的各种科学的专门分析方法。

(3)深度学习

深度学习作为机器学习的一个重要分支,用于学习样本数据的内在规律和表示层次,这些学习过程中获得的信息对诸如文字、图像和声音等数据的解释有很大的帮助。深度学习的最终目标是让机器能够像人一样具有分析学习能力,能够识别文字、图像和声音等数据。

深度学习是一个复杂的机器学习算法,在语音和图像识别方面取得的成效远远超过先前的相关技术。深度学习在搜索技术、数据挖掘、机器学习、机器翻译、自然语言处理、多媒体学习、语音识别、图像识别、个性化推荐技术,以及其他相关领域都得到了广泛应用,取得了很多优秀的成果,深受各国学术界、科技界和高科技公司的重视。深度学习的应用与发展已成为当前最前沿的话题,深深吸引着广大科研人员投身其中，推动着人工智能更进一步发展。

采用深度学习技术对图像中的人脸进行分析，并识别出人脸的情绪（如图 1-11 所示），这已成为深度学习的一个研究及应用热点，并在智慧心理医疗、智慧课堂等场景中得到应用。

图 1-11　用深度学习技术实现人脸情绪分析

在自动驾驶技术中，正确识别周围环境的技术尤为重要。这是因为要正确识别时刻变化的环境、自由往来的车辆和行人是非常困难的。在识别周围环境的技术中，深度学习备受期待。

图 1-12　基于深度学习技术的自动驾驶车辆的目标检测

1.4 深度学习：带你进入新一代人工智能

如果机器人能像人一样，拥有知觉、意识等本领，你是否期待这一天的到来呢？虽然人工智能已经发展了60多年，对于机器人这一领域也取得了不错的成就，但是与我们所期待的结果还是有很大的差距。2016年3月15日，谷歌公司的AlphaGo结合深度学习技术提高了计算机运算能力，战胜了世界围棋冠军李世石。在这一历史时刻，突然发现梦想不再离我们很遥远，新的人工智能时代正在向我们走来。

从目前的应用前景看，深度学习主要应用在图像识别、语音识别和视频分析等领域，大幅度地提高了识别的精度。现阶段，在深度学习技术应用最广泛的图像识别领域，人脸识别、情绪识别、海量图像分类等应用的准确性大大提升，极大地便利了我们的生活和工作。例如，人脸匹配打卡、支付宝使用人脸解锁、指纹付款等。2019年5月3日晚，中央电视台《等着我》栏目报道，警方在腾讯优图“跨年龄人脸识别”技术的帮助下，成功找到了被拐儿童“小耗子”。该系统已协助福建、四川等多地警方打拐寻人。

图1-13　跨年龄人脸识别技术

在行业内，百度公司的度秘、微软公司的小冰、科大讯飞的灵犀等，都在语音识别领域应用到深度学习技术。应用深度学习技术的智能产品逐渐进入我们的生活。当我们起床时，对着百度智能音箱说一声："你好，小度，请播放一首《十年》的歌曲"，智能音箱马上就可以给我们播放音乐了。当我们和外国友人交谈时，借助翻译助手，可以让语言交流变得更容易，就像随身携带了一个专业翻译一样。这都是语音识别技术带来的便利。深度学习技术在机器人、无人驾驶、智能推荐等生活服务方面的应用也越来越广泛。

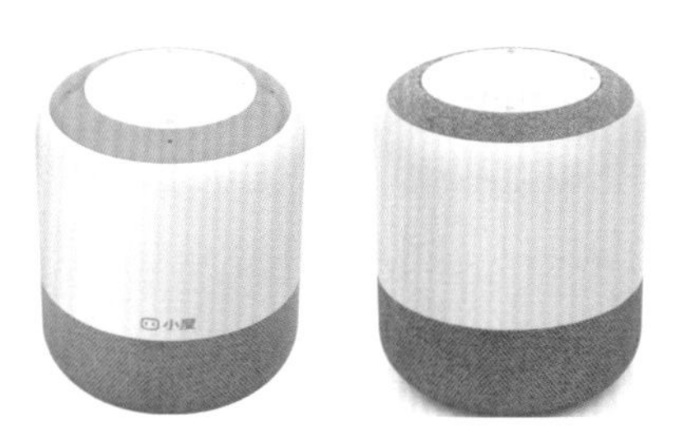

图1-14　百度智能音箱

当前，深度学习已掀起了新一代人工智能的浪潮，人们已迎来"大数据+深度学习"的时代，它加快了人工智能和人机交互的发展步伐，已经成为将人工智能由研究阶段推向社会生活各领域的推手。在未来的发展趋势中,人工智能将应用到更多领域,或许会像人一样带有独立思考、行动的能力,完成人类不可胜任的工作。我们相信,人工智能技术必定会使未来的生活更加精彩。

◆想一想:

在你的生活或学习中,哪些地方用到了深度学习技术及产品?

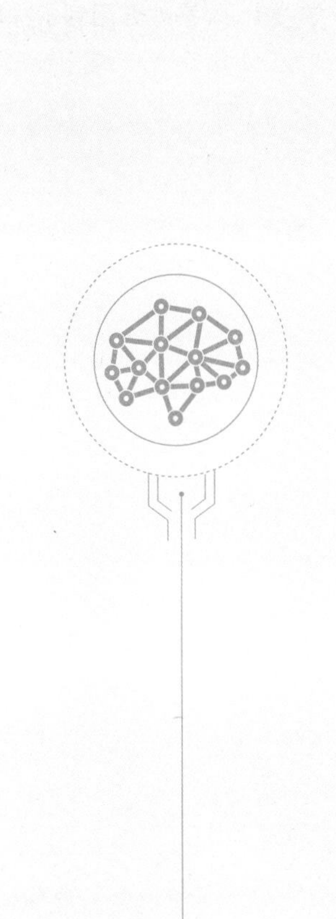

第二章

神经网络：深度学习的精髓

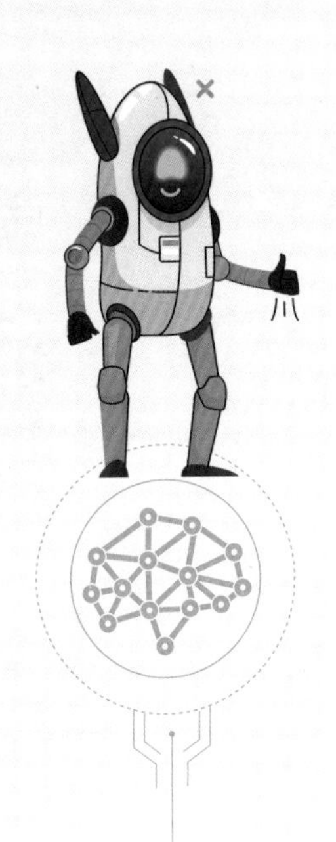

深度学习受到了神经科学的启发，它们之间有着非常密切的联系，其概念源于人工神经网络的研究。深度学习方法具备提取抽象特征的能力，是从生物神经网络中获得的灵感。深度学习的动机在于建立模拟人脑进行分析学习的人工神经网络，它模仿人脑的机制来解释数据。人工神经网络是深度学习的精髓，人们通常以“深度人工神经网络”来形象地称呼深度学习。

2.1 阿尔法狗对战李世石

2016年3月9日至15日，谷歌公司研制的人工智能产品阿尔法狗与世界顶尖围棋选手之一的韩国人李世石展开了围棋角逐，阿尔法狗以4:1赢得比赛，在人工智能的发展史上成为又一个里程碑事件。

图2-1　阿尔法狗对战李世石现场

为什么说计算机在围棋方面战胜人类是人工智能的里程碑呢？因为在博弈类游戏中，围棋是最难的游戏，计算机很难列举出围棋所有的可能走法。计算机很早就战胜了跳棋、国际象棋等博弈类游戏的世界冠军，它是利用计算机高速运算的优势，穷举出游戏的所有可能，以至于计算机下的每一步棋都是最佳的。由于围棋非常复杂，“穷举法”在围棋对弈中行不通。但是，阿尔法狗变换了思路，利用人工智能的神经网络和深度学习理论，攻克了围棋。阿尔法狗所用的人工智能技术并不是只能用于围棋比赛，还可以运用到人们生活的很多方面，像无人驾驶、医疗、金融等。

◆**想一想：**

阿尔法狗在围棋对弈中可以战胜人类棋手，是不是阿尔法狗已经比人类还强大了呢？

2.2 生物神经网络

1. 人脑的结构

人脑由大脑、小脑、间脑、脑干组成，脑干又包括中脑、脑桥和延髓。人脑的结构如图2-2所示。

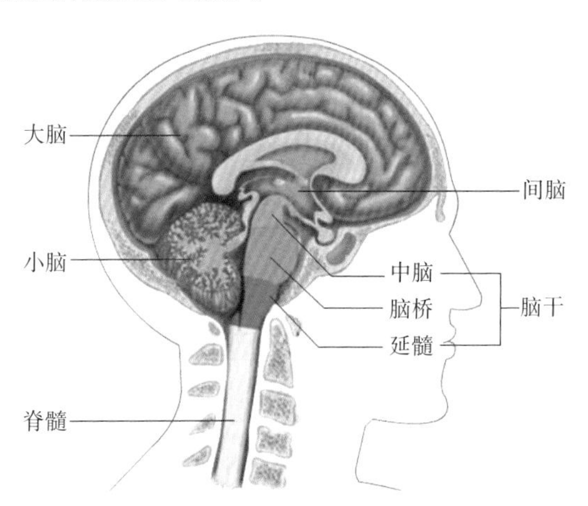

图2-2 人脑的结构

人类的大脑是所有器官中最复杂的一部分，并且是所有神经系统的中枢，可用于调节躯体运动与感觉、语言活动、内脏活动等。据估计，人类大脑拥有1000亿个神经细胞，每个神经细胞与体内1000—10000个其他神经细胞交换着信息。每秒通过大脑的上百万个信号使得我们能够思考、感觉和运动。大脑的功能分区如图2-3所示。

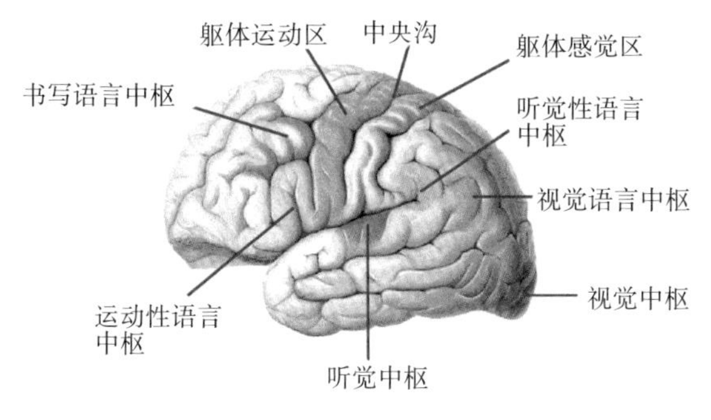

图2-3　大脑的功能分区

大脑中的神经细胞以不同形式排列着，以不同的速度传送着信息。

2.生物神经元

神经元即神经细胞，是生物神经系统最基本的结构和功能单位。生物神经元结构如图2-4所示。

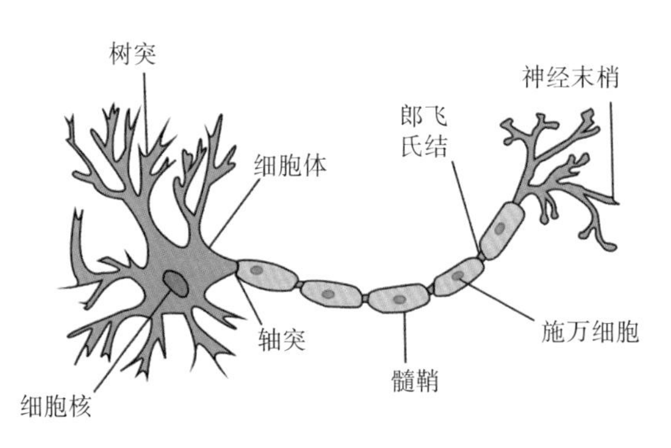

图2-4　生物神经元结构

每个神经元都向外伸出许多分支,其中用来接收输入的分支称作树突,用来输出信号的分支称作轴突,轴突连接到树突上形成一个突触。一个神经元可以通过这种方式连接多个其他神经元,一个神经元也可以接受多个其他神经元的连接。

形象化地来讲,生物神经元主要由树突和轴突构成。神经元两头的树突之所以枝繁叶茂,是因为每个神经元都要与大量的同类进行交流。神经系统没有朋友圈的功能,只能通过这种方式来建立"神"际关系。轴突主要负责神经元内部的信号传递,就像古代通风报信一样,信号传递的战线拉得很长,为了节省材料和空间,战线又必须很细。又细又长的战线很容易被敌军切断,必须有保护措施,而香肠状的髓鞘则起到了保护战线的作用。

神经元的基本功能是通过接受、整合、传导和输出信息从而实现信息交换,神经元具有如下特点:

每个神经元都是一个信息处理单元,具有多输入单输出的特性。

神经元的输入可以分为兴奋性输入和抑制性输入两种类型。

神经元阈值特性,当细胞体膜内外电位差(众多突触输入信号的总和)升高超过阈值时产生脉冲,神经细胞进入兴奋状态;反之,则进入抑制状态。

神经元间信息传递的接触点是突触,复杂的反射活动是由传入神经元、中间神经元和传出神经元互相借突触连接而成的神经元链。人类大脑皮质的思维活动就是通过大量中间神经元的极其复杂的反射活动产生的。中间神经元的复杂联系,是神经系统高度复杂化的结构基础。

3. 生物神经网络的构成

生物神经网络一般指生物的大脑神经元、细胞、触点等组成的网络，用于产生生物的意识，帮助生物进行思考和行动。

当前所讲的生物神经网络主要是指人脑的神经网络，它是人工神经网络的技术原型。人脑是人类思维的物质基础，思维的功能定位在大脑皮质，含有大约140亿个神经元，每个神经元又通过神经突触与其他神经元相连接，形成了一个高度复杂、高度灵活的动态网络。大量具有传感和伸缩功能的体细胞通过神经纤维连接在这个网状结构的输入和输出端，中枢神经系统正是通过这种网状结构使人们获得了思考、记忆等“智能”。

2.3 人工神经网络

1. 人工神经网络的由来

历史上，科学家一直希望模拟人的大脑，造出可以思考的机器。人为什么能够思考？科学家发现，原因在于人体的神经网络。因此，科学家在很早以前就开始了人工神经网络的研究。

人工神经网络（英文简称ANN），简称神经网络，是一种模拟动物神经网络行为特征，进行分布式信息处理的数学模型。人工神经网络试图通过模拟大脑神经网络处理、记忆信息的方式进行信息处理。人工神经网络模型如图2-6所示。其中，$x_1, \cdots, x_p, \cdots, x_n$是人工神经网络的输入值，$y_1, \cdots, y_m$是人工神经网络的最终输出值，$w_{ij}, w_{jk}$是不同神经元之间的连接权重（Weight）。

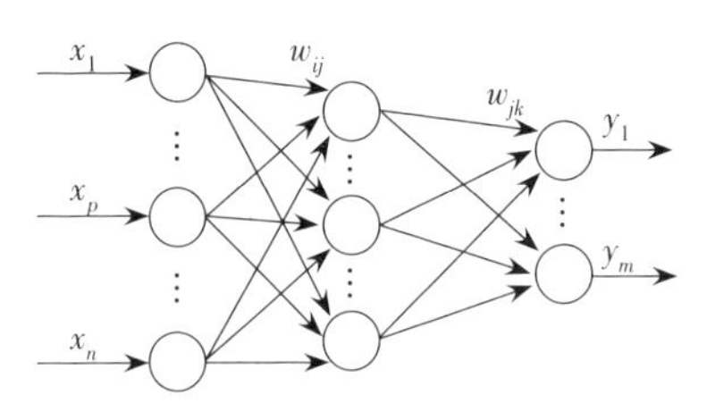

图2-6　人工神经网络模型

人工神经网络中，神经元处理单元可表示不同的对象，例如特征、字母、概念，或者一些有意义的抽象模式。网络中处理单元的类型分为三类：输入单元、输出单元和隐藏单元。输入单元接受外部的信号与数据；输出单元实现系统处理结果的输出；隐藏单元是处在输入和输出单元之间，不能在系统外部观察到的单元。神经元间的连接权重反映了单元间的连接强度，信息的表示和处理体现在网络处理单元的连接关系中。人工神经网络是一种非程序化、自适应、类脑风格的信息处理方式，其本质是通过网络的变换和动力学行为得到一种并行分布式的信息处理功能，并在不同程度和层次上模仿人脑神经系统的信息处理功能。它是涉及神经科学、思维科学、人工智能、计算机科学等多个领域的交叉学科。

◆ **想一想：**

以现在的技术可以制造出类似于人脑的人工神经网络吗？

2. 辅助决策生成的单层感知器

1943年，神经生理学家沃伦·麦卡洛克和数学家沃尔特·皮茨建立了神经网络的数学模型，称为M-P模型。他们通过M-P模型提出了神经元的形式化数学描述和网络结构方法，证明了单个神经元能执行逻辑功能，从而开创了人工神经网络研究的时代。由于这种神经网络由一层神经元组成，所以也称它为单层感知器或感知器，如图2-7所示。

图2-7中的圆圈代表一个感知器。它接受多个输入信息（x_1，x_2，x_3……），产生一个输出信息（output），好比神经末梢感受各种外部环境的变化，最后产生电信号。它在形态上是不是与生物神经元很类似啊？

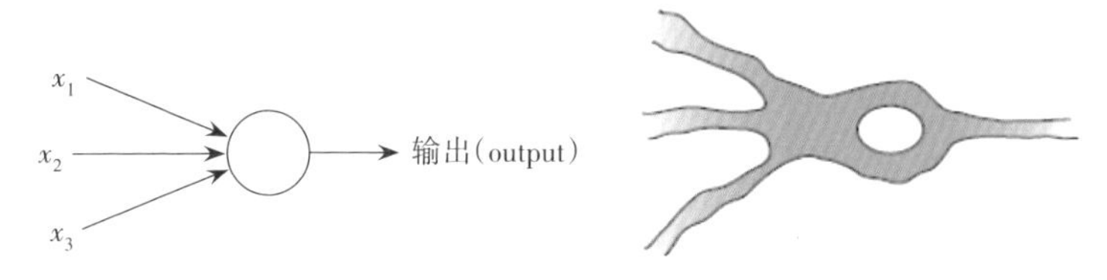

图2-7　人工神经元与生物神经元

为了简化模型，我们约定每种输入只有两种可能：1或0。如果所有输入都是1，表示各种条件都成立，输出就是1；如果所有输入都是0，表示条件都不成立，输出就是0。

下面，通过一个实例来说明感知器的用途。周末，文化广场要举办露天音乐会，小智拿不定主意，要不要去观看音乐会。

图2-8　露天音乐会

他决定考虑三个因素：

(1)天气：周末天气是否为晴天？

(2)价格：门票价格是否可以接受？

(3)同伴：能否找到同伴一起去？

是否去参加露天音乐会构成了一个感知器，上述三个因素就是感知器的外部输入信息，最后的决定就是感知器的输出。如果三个因素都是Yes(使用1表示),输出就是1(去观看);如果都是No(使用0表示),输出就是0(不去观看)。

看到这里,你肯定会问:"如果某些因素成立,另外一些因素不成立,输出是什么呢?"比如,周末是好天气,门票也不贵,但是找不到同伴,那么小智要不要去观看演出呢?

在现实应用中,各种因素很少具有同等重要的地位,某些因素是决定性因素,另一些因素是次要因素。因此,可以给这些因素指定权重,代表它们的重要性程度。比如:

天气:权重为0.60

价格:权重为0.20

同伴:权重为0.20

上面的权重表示:天气是决定性因素,价格和同伴都是次要因素。

如果三个因素都为1,它们乘以权重的总和就是1×0.6+1×0.2+1×0.2=1。如果价格和同伴因素为1,天气因素为0(表示不是晴天),总和则变为0×0.6+1×0.2+1×0.2=0.4。此时,还需要指定一个阈值。如果总和大于阈值,感知器输出1,否则输出0。假定阈值为0.6,在三个因素都为1时,总和为1,因为1>0.6,满足条件,感知器输出为1,所以小智决定去观看露天音乐会。同样地,假定阈值为0.6,当天气因素为0时,总和为0.4,因为0.4<0.6,不满足条件,感知器输出为0,所以小智决定不去观看露天音乐会。阈值的高低代表了意愿的强烈程度,阈值越低就表示越想去,越高就表示越不想去。

现实生活中,我们在很多情况下会无意识地用到阈值。想象一下,我们做不做一件事情,或者说现实生活中某一事件是否发生,往往有一个临界点,过了这个临界点就代表着事件发生,没有到达临界点则这个事件不会发生。比如说吃饭这个问题,只有吃和不吃两个状态,决定吃饭的那一刻就是临界点。我们把临界点数字化,并且用界限来描述它,这个界限就是阈值。

上述是否观看露天音乐会的决策过程,事实上是由天气、价格、同伴等多种因素决定的,很难直观判断出这些因素之间的相互关系。因此,对是否观看露天音乐会这一决策过程,可以用数学公式表示如下:

$$y=\begin{cases}0 & w_1x_1+w_2x_2+w_3x_3-b\leqslant 0\\ 1 & w_1x_1+w_2x_2+w_3x_3-b>0\end{cases}$$

上述公式中,x表示各种外部因素,w表示对应的权重,b等于设定的阈值。此时,感知器可以表示为如图2-9所示。

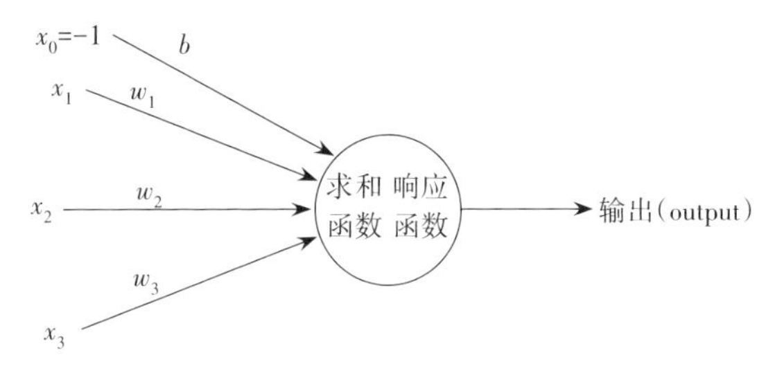

图2-9 M-P神经元感知器模型

图2-9中,求和函数是一种求和公式,用来求解各个输入与其对应权重乘积之和,阈值也可以看作一个输入,这里输入x_0取固定值为-1,其权重为阈值b。响应函数(也叫激活函数)用于控制输入对输出的激活作用,即当求和函数的结果不小于0时,则称该神经元处于激活状态或兴奋状态,此时整个神经元的输出结果为1;若求和函数的结果小于0,则称该神经元处于抑制状态,此时整个神经元的输出结果为0。响应函数类似于现在普遍使用的声光控开关,当环境的亮度在某个设定值以下,同时环境的噪声超过某个值时,这种开

关就会开启。响应函数不需要同时满足两个条件，只要满足设定的一个条件时就会处于激活状态。

◆试一试：

用所学的知识，自己设计一个单层感知器，并用这个单层感知器来辅助你做决策，然后与自己的想法进行比较，看是否相似。

3.可以"思考"的多层神经网络

单个的感知器构成了一个简单的决策模型，已经可以拿来使用了。但是，它只能处理非常简单的分类或运算问题，类似于生物界的单细胞生物，没有神经系统，没有反射，只有"应激性"。真实世界中，实际的决策模型则要复杂得多，是由多个感知器组成的多层神经网络。

图2-10中，底层感知器接收外部输入，做出判断以后，再发出信号，作为上层感知器的输入，直至得到最后的结果。多层感知器的输出可以是一个，也可以是多个。

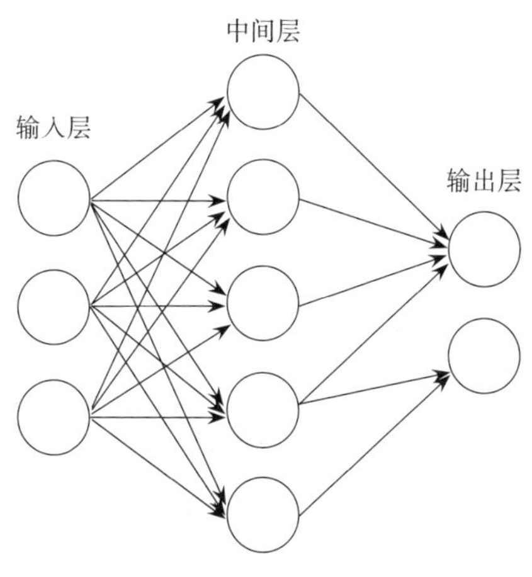

图2-10　多层感知器

多层感知器比单层感知器中间多了一个“中间层”，用来模仿人类“思索”的过程。多层感知器通过采用三层结构，即输入层、中间层（也叫隐藏层、隐层或隐含层）和输出层。与M-P神经元模型相同，中间层的感知器通过权重与输入层的各单元相连接，通过响应函数计算中间层各单元的输出值。中间层与输出层之间同样是通过权重相连接。

这里的多层感知器是由多层结构的感知器递阶组成的输入值向前传播的网络，也被称为前馈神经网络或正向传播网络。除此之外，还有发生循环传递的“递归神经网络”，即A传给B，B传给C，C又传给A，以及对称连接网络、对抗生成网络等。从当前的研究及应用来看，常见的人工神经网络分为如下几种类型：

（1）前馈神经网络。这是实际应用中最常见的神经网络类型。第一层是输入，最后一层是输出。如果有多个中间层，我们称之为“深度”神经网络。

（2）递归神经网络。在传统的神经网络模型中，是从输入层到中间层再到输出层，层与层之间的节点是连接的，每层之间的节点是无连接的。但是这种普通的神经网络对于很多问题却无能为力。例如，你要预测句子的下一个单词是什么，一般需要用到前面的单词，因为一个句子中前后单词并不是独立的，这就需要用到递归神经网络。

递归神经网络，也叫循环神经网络，即一个序列当前的输出与前面的输入或输出也有关。具体的表现形式为：网络会对前面的信息进行记忆并应用于当前输出的计算中，即中间层之间的节点不再是无连接的而是有连接的，并且中间层的输入不仅包括输入层的输出还包括上一时刻中间层的输出。

图2-11是一个简单的递归神经网络结构,可以看到中间层的节点是可以与自己进行连接的。

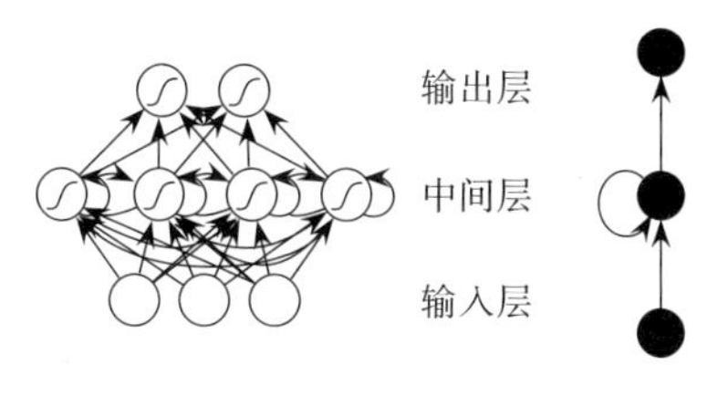

图2-11 递归神经网络结构

(3)对称连接神经网络。对称连接神经网络有点儿像递归神经网络,但是单元之间的连接是对称的(它们在两个方向上权重相同)。比起递归神经网络,对称连接神经网络更容易分析。但是,这个网络中有更多的限制,它们需要遵守能量函数定律。没有隐藏单元的对称连接网络被称为“Hopfield网络(霍普菲尔德网络)”,其结构如图2-12所示。有隐藏单元的对称连接的网络被称为玻尔兹曼机,其结构如图2-13所示。

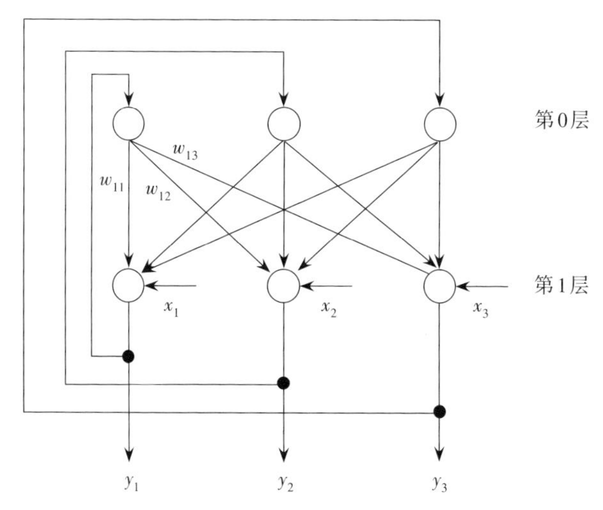

图2-12 三神经元构成的Hopfield网络模型

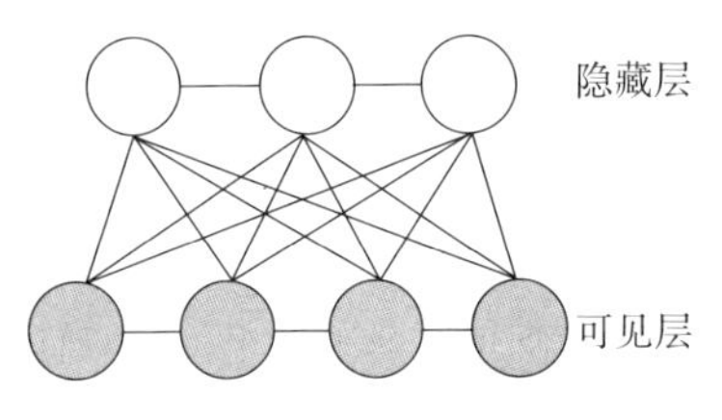

图2-13　玻尔兹曼机模型

(4)生成对抗网络。传统的网络结构往往都是判别模型,即判断一个样本的真实性。与传统神经网络结构不同,生成对抗网络(英文简称为GAN)模型能够根据所提供的样本生成类似的新样本,这些样本是由计算机学习而来的。

生成对抗网络一般由两个网络组成:生成模型网络和判别模型网络。

生成模型G捕捉样本数据的分布,用服从某一分布(均匀分布、高斯分布等)的噪声数据z生成一个类似真实训练数据的样本,追求效果是越像真实样本越好;判别网络D是一个二分类器,估计一个样本来自训练数据(而非生成数据)的概率,如果样本来自于真实的训练数据,D输出大概率,否则,D输出小概率。生成对抗网络的工作原理如图2-14所示。

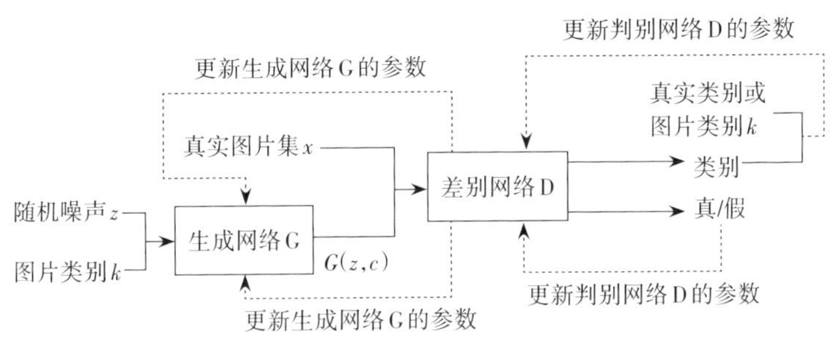

图2-14　生成对抗网络的工作原理

例如,Andrew Brock等人在2018年发表了论文《用于高保真自然图像合成的GAN规模化训练》。该论文展现了用BigGAN技术生成合成照片的案例。用生成对抗网络合成的照片几乎与真实照片无异,达到了以假乱真的地步。类似的案例还包括生成现实世界并不存在的人脸图像,以及生成动画角色等。

图2-15 生成对抗网络示例

2.4 深度神经网络

一个深度神经网络通常由多个顺序连接的层构成，每一层从前一层提取出特征作为输入，并对其进行特定形式的变换，经过很多层的变换之后，神经网络就可以将原始的输入信息变换为高层次的抽象的特征。

深度神经网络从字面上理解就是深层次的神经网络。深度神经网络从结构上看与传统的多层感知器没有什么不同，并且在做有监督学习时算法也是一样的。唯一的不同是这个网络在做有监督学习前要先做无监督学习，然后将无监督学习学到的权重当作有监督学习的初值进行训练。

有研究表明：人的大脑感知事物是先从简单的特征开始，然后慢慢变得复杂。深度神经网络的学习过程与人脑视觉机制类似。以人脸图像识别为例，我们通常使用一个深层神经网络去检测一张人脸，同时使用比较浅层的神经元检测一些较为简单的特征，比如轮廓等，然后这些轮廓特征会传递给更深层的神经元，它们能将这些轮廓组合成眼睛、鼻子或者嘴巴，接着再传给更深层的神经元，一层一层地传下去，最终便构成了人脸，如图2-16所示。

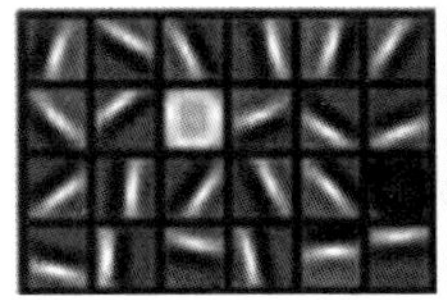
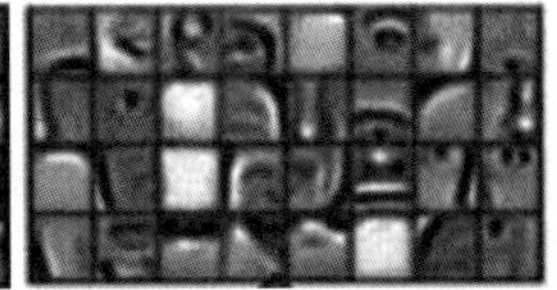
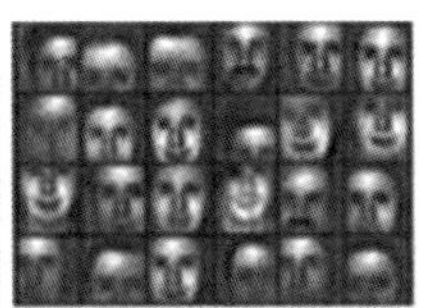

边缘和方向　　部分器官（眼睛、鼻子等）　　目标对象（人脸）

图2-16　图像识别原理

近几年，深度神经网络的发展非常迅猛。2012年的ImageNet大规模视觉识别挑战赛中，获得冠军的参赛队伍采用了8层深度神经网络，2015年是152层，到了2016年是1207层。此后，ImageNet挑战赛不再举行，1207层神经网络是在该赛事中出现的最高纪录。这是个非常庞大、非常复杂的系统，把这样一个系统训练出来，难度是非常大的。从目前来看，神经网络远未达到层数的上限，理论上讲，层数越多，获得的运算效果也越好。但是，随着层数的增加，需要解决的问题也会越多，比如计算机的计算能力、激活函数的选择、计算模型的复杂性等，这些都会随着层数的增加而阻碍性能的提升，这将使得只提升层数无法得到更好的效果，这就要求寻找新的方法来进一步提升效果。

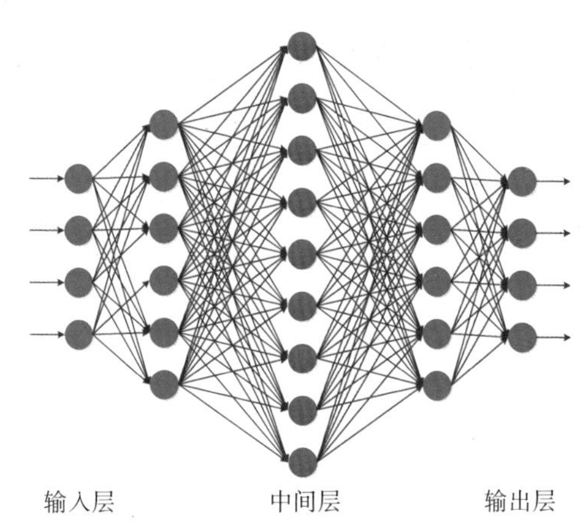

图2-17　深度神经网络的结构

2.5 人工神经网络的应用实例

为什么说人工神经网络能够像人一样思考？是因为它能够应用于事物的分类和预测，下面通过两个简单的具体实例来看人工神经网络的分类能力和预测能力。

◆ 实例一：鸢尾花分类

首先，了解一下鸢尾花数据集。

鸢尾花数据集Iris是常用的分类实验数据集。数据集包含150个数据，分为3类，每类有50个数据，每个数据包含4个属性。可通过花萼长度、花萼宽度、花瓣长度、花瓣宽度4个属性预测鸢尾花分别属于山鸢尾、变色鸢尾和维吉尼亚鸢尾3个种类中的哪一类。

图2-18 山鸢尾

图2-19 变色鸢尾

图2-20 维吉尼亚鸢尾

可以采用误差逆传播神经网络（简称BP神经网络）对鸢尾花进行分类。BP神经网络是一种计算单个权值变化引起网络性能变化的较为简单的方法。由于BP算法过程包含从输出节点开始，反向地向第一中间层（即最接近输入层的中间层）传播由总误差引起的权重修正，所以称为“反向传播”。BP神经网络是有监督训练方式的多层前馈网络，其基本思想是：输入的样本信号向前传播，经中间层节点和输出层节点处的非线性函数作用后，从输出节点获得输出。若在输出节点得不到样本的期望输出，则建立样本的网络输出与其期望输出的误差信号，并将此误差信号沿原连接路径逆向传播，去逐层修改网络的权重和节点处阈值。这种信号正向传播与误差信号逆向传播修改权重和阈值的过程反复进行，至训练样本集的网络输出误差满足一定精度要求为止。

在本实例中，将鸢尾花数据集分为训练集和测试集。一般而言，训练集用来估算模型中的参数，使模型能够反映现实情况，进而预测未来或其他未知的信息；测试集用来评估模型的预测性能，即检验训练得到的模型的可用性如何。我们设定训练集和测试集分别包含75个样本，每个数据集合中每种花各有25个样本。为了方便训练，将3类花分别编号为1、2、3。使用这些数据训练一个4输入（分别对应4个特征）、10中间层（10个神经元）、3输出（分别对应该样本属于某一品种的可能性大小）的BP神经网络。

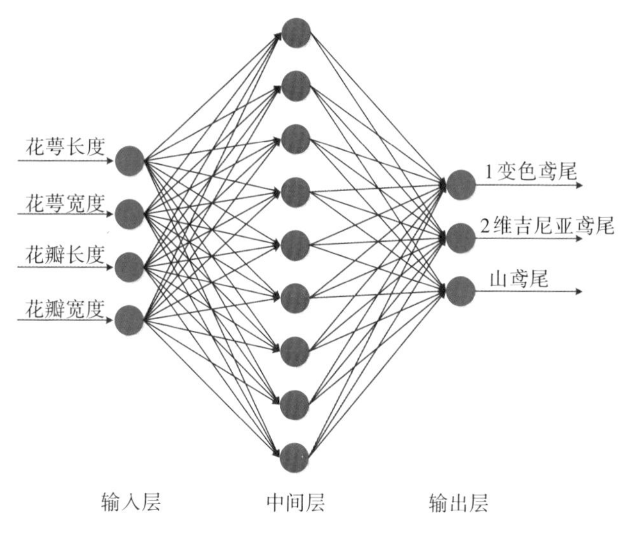

图2-21　鸢尾花分类的神经网络结构图

经过多次训练后，其分类准确度可以达到98%以上。

◆实例二：预测比赛结果

表2-1是国内男子跳高运动员各项素质指标的记录情况，根据这些数据，预测序号15的跳高成绩。

表2-1　国内男子跳高运动员各项素质指标

序号	跳高	30m行进跑	立定三级跳远	助跑摸高	助跑4—6步跳高	负重深蹲杠铃	杠铃半蹲系数	100m跑	抓举
1	2.24	3.2	9.6	3.45	2.15	140	2.8	11.0	50
2	2.33	3.2	10.3	3.75	2.2	120	3.4	10.9	70
3	2.24	3.0	9.0	3.5	2.2	140	3.5	11.4	50
4	2.32	3.2	10.3	3.65	2.2	150	2.8	10.8	80
5	2.20	3.2	10.1	3.5	2.0	80	1.5	11.3	50
6	2.27	3.4	10.0	3.4	2.15	130	3.2	11.5	60

续表

序号	跳高	30m行进跑	立定三级跳远	助跑摸高	助跑4—6步跳高	负重深蹲杠铃	杠铃半蹲系数	100m跑	抓举
7	2.20	3.2	9.6	3.55	2.10	130	3.5	11.80	65
8	2.26	3.0	9.0	3.50	2.10	100	1.8	11.30	40
9	2.20	3.2	9.6	3.55	2.10	130	3.5	11.80	65
10	2.24	3.2	9.2	3.50	2.10	140	2.5	11.00	50
11	2.24	3.2	9.5	3.40	2.15	115	2.8	11.90	50
12	2.20	3.9	9.0	3.10	2.00	80	2.2	13.00	50
13	2.20	3.1	9.5	3.60	2.10	90	2.7	11.10	70
14	2.35	3.2	9.7	3.45	2.15	130	4.6	10.85	70
15		3.0	9.3	3.30	2.05	100	2.8	11.20	50

将前述的国内男子跳高运动员各项素质指标作为输入,将对应的跳高成绩作为输出,建立8输入层、6中间层、1输出层的BP神经网络,如图2-22所示。

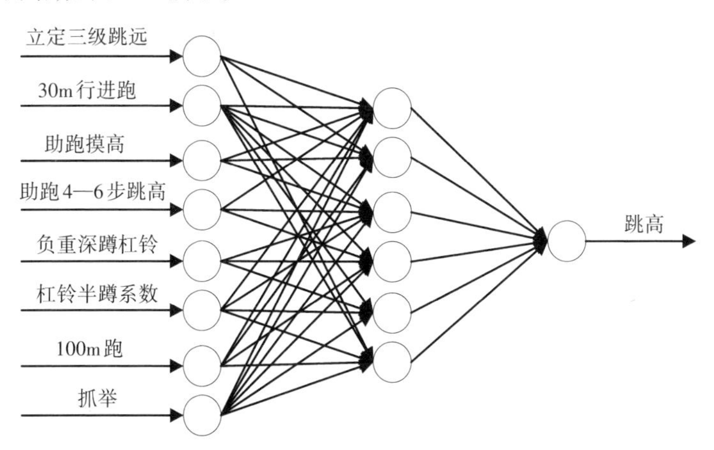

图2-22　预测跳高成绩的BP神经网络结构

该网络通过24次重复学习达到期望误差后则完成学习，此时将序号15的各项素质指标输入网络即可得到预测数据，预测出的跳高成绩为：2.2m。

◆想一想：

人工神经网络与生物神经网络有哪些区别？

第三章 看图识物：深度学习比你还准确

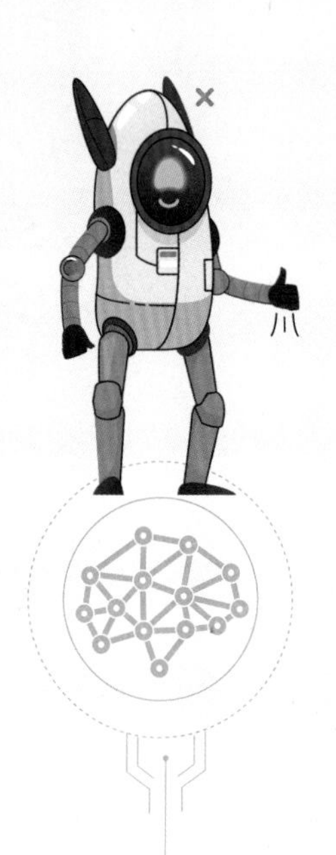

一图胜千言。图像识别作为人工智能技术中机器视觉领域的重要研究方向，主要运用了卷积神经网络等深度学习模型进行识别，有效地提高了识别的准确率，其准确率达到甚至超过了人类水平。当前，图像识别技术已广泛应用于门禁系统、在线支付、遥感图像识别、生物医学图像识别、军事目标侦察等多个场景，给人们带来了诸多便利。

3.1 阿里云打破AI计算纪录

2020年4月3日，美国斯坦福大学公布了最新的DAWNBench深度学习榜单，阿里云包揽了训练时间、训练成本、推理延迟以及推理成本四项第一，打破了谷歌等企业保持一年多的纪录，这也意味着阿里云可提供全球最快的AI计算服务。DAWNBench官方显示，阿里云异构计算服务训练128万张图片仅需2分38秒，基于其自研芯片的人工智能服务识别一张图片仅需0.0739毫秒，在训练成本和推理成本上也实现了突破。

在人工智能领域中，斯坦福大学的DAWNBench在图像识别竞赛中具有权威性，它对参赛机构的计算平台有一定的要求——对5万张图像进行精准识别并分类。阿里云在此次比赛中能创造四项纪录得益于阿里云自研加速框架AIACC及芯片含光800。AIACC是阿里云自主研发的飞天人工智能加速引擎。含光800是阿里巴巴第一颗自研芯片，也是全球性能最强的人工智能推理芯片，性能及能效比全球第一。基于含光800的云服务每秒可实现1600万亿次级别的深度学习计算。

2013年，谷歌大脑采用深度学习技术在视频中第一次辨识出“猫”，开启了人工智能的新时代。当前，阿里云不仅能够以超快的速度对大量的图片进行分类，还可以在图片已分出大类的情形下精准快速地识别细分类图片。例如,阿里云不仅能认出狗,还能快速分辨出狗的品种。阿里云ET大脑全面整合了阿里巴巴的语音、图像、人脸、自然语言理解等能力,现在已经可以识别出世界上45万种花、1万种鸟,还可以对甲状腺B超快速扫描分析等。

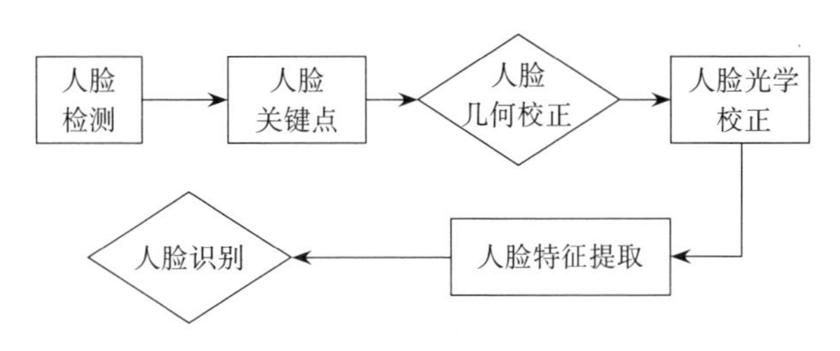

图3-1 人脸图像识别流程图

如今,阿里云计算平台的超强计算能力已应用到多种场景并得到了大规模应用。例如,图像识别、语音识别、内容推荐等。淘宝推出的"拍立淘"功能,顾客可以通过图片查询在售商品,从而获取更精准的服务。类似的应用还有百度的看图识物、华为的智能识物等。这些应用的定位目标很明确:当你看见不认识的物品时,你不用去请教其他人,只要掏出手机,打开智能识物App对它拍一张照片,手机很快就会告诉你这个物品的相关信息,甚至还能告诉你在哪儿能够买到它。

3.2 图像识别

计算机视觉是使用计算机及相关设备对生物视觉的一种模拟。顾名思义就是让计算机拥有人的视觉，主要任务是通过对采集的图片或视频进行处理以获得相应场景的三维信息。计算机视觉也是人工智能的经典领域之一，和语音识别、自然语言处理等一样，都是研究了很久的一个领域。

图像识别是计算机视觉研究的主要任务之一，是指利用计算机对图像进行处理、分析和理解，以识别各种不同模式的目标和对象的技术。现阶段图像识别技术是深度学习算法的典型应用，一般分为人脸识别与商品识别，人脸识别主要用在安全检查、身份核验与移动支付中；商品识别主要运用在商品流通过程中，特别是无人货架、智能零售柜等无人零售领域。

当你观察一张图像时，一眼就可以描述图像的相关信息，如图像中各物体的类型、位置、大小及场景等。但是，对于计算机而言，它很难读懂一张图像的内容，因为它所读取的是该图像构成的矩阵向量，如图3-2所示。如何从矩阵向量中识别出是什么物体呢？其实计算机是很难分析出来的，它在某种程度上表现得很笨。计算机需要对构成图像的矩阵向量进行分析，并根据分析结果与已学习到的大量的物体特征进行匹配，并根据匹配结果识别出可能的物体类别。如果在计算机学习到的物体特征库中没有待识别物体的特征信息，计算机很难正确识别出该物体的类别，因为它的想象和虚构能力是很差的。

```
[[196 196 196 ...  76  68  61]
 [196 196 196 ...  76  68  61]
 [196 196 196 ...  76  68  61]
 ...
 [136 137 137 ... 121 119 118]
 [137 137 138 ... 121 119 117]
 [136 136 137 ... 120 118 117]]
```

图3-2　猫的图像(左)及其计算机存储格式(右)

其实，人类的图像识别能力也不单单是凭借整个图像存储在脑海中的记忆来识别的。人类识别图像时通常是依靠图像所具有的自身特征而先将这些图像进行分类，然后通过各个类别所具有的特征将图像识别出来。通俗来讲，当我们看到一幅图像时，我们的大脑会迅速感应到是否见过此图片或与其相似的图片。其实在“看到”与“感应到”的中间经历了一个迅速识别的过程，这个识别的过程和计算机中的搜索有些类似。在此过程中，我们的大脑会根据存储在记忆中已经分好的类别进行识别，并充分应用想象和虚拟能力，查看是否有与该图像具有相同或类似特征的记忆，从而识别或推断出是否见过该图像。

计算机的图像识别技术也是如此，通过分类并提取重要特征而排除多余的信息来识别图像。计算机所提取出的这些特征有时会非常明显，有时又很普通，这在很大程度上影响了图像识别的效率。

例如，给定一个数据库animal={Dog，Cat，Mouse}，输入一张图像(与animal数据库相关的图片)，如何识别出该图像中的动物是什么类型呢？

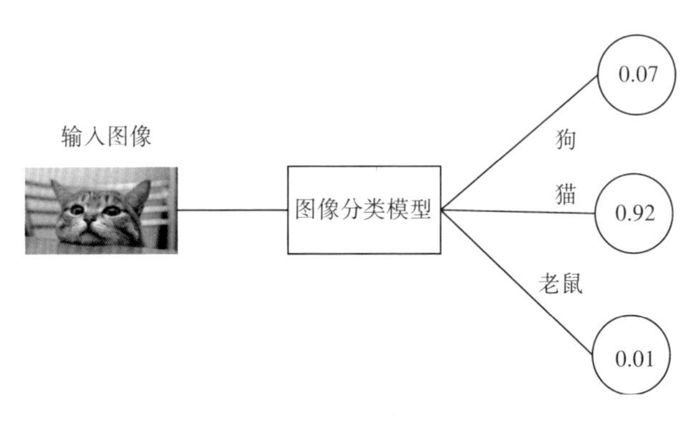

图3-3　图像分类的流程图

一张图像(如图3-2左小图)输入到训练好的图像分类模型中，模型能够根据各类型的概率得出图像中的动物类型。其结果为:是狗的可能性占7%、是猫的可能性占92%,是老鼠的可能性占1%,如图3-3所示。采用概率最大的原则,计算机将识别出图像上的动物是“猫”。

事实上,计算机的图像识别技术与人类的图像识别原理相同。图像识别技术的过程可以分以下几个步骤:信息获取、预处理、特征提取、分类器设计和分类决策。

信息获取是指通过各类传感器,将光或声音等信息转化为电信号,即获取研究对象的基本信息并通过某种方法将其转变为机器能够认识的信息。

预处理主要是指图像处理中的去除噪声数据、图像颜色变换等操作,从而增强图像的某些重要特征。

特征提取是指在图像识别中,需要对图像本身相关的特征进行抽取和选择。特征提取在图像识别过程中是非常关键的技术之一,其性能的优劣直接决定了图像识别的效率,所以这一步是图像识别的重点。

分类器设计是指通过训练而得到一种识别规则，通过此识别规则可以得到一种特征分类，使图像识别技术能够得到较高的识别率。

分类决策是指在特征空间中对被识别对象进行分类，从而更好地识别所研究的对象具体属于哪一类。

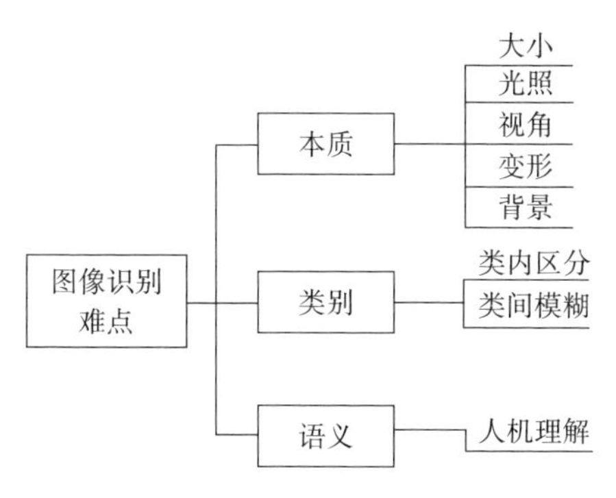

图3-4　图像分类存在的难点

在图像识别过程中，存在多种难点问题，如图3-4所示。人与机器对图像分类不仅存在理解上的语义差异，也涉及图像本质或类别的差异。从物体的本质来看，待识别物体会受到物体的形状、光照强度、视角、背景等影响，甚至物体会出现弹性、扭曲、动态变化的情况，这都给图像识别和分类带来很大的干扰。

物体类别差异分为类内区分和类间模糊。类内区分是指同一类别物体表现出外观差异的情况。如图3-5中的4条狗，在大类划分上，它们都是狗，但是从像素矩阵上区分，它们的大小和颜色都存在一定的差异，因为它们是不属于同一品种的狗。在这种情况下，计算机能不能把它们都识别为狗呢？这是类内区分的问题。类间模糊是指不同类别的物体存在一定的相似性，如图3-5中的玫瑰花和月季花都是蔷薇科植物，花朵形状比较相似，计算机如何判别哪朵是玫瑰花、哪朵是月季花呢？这是类间模糊的问题。

图3-5　物体的类别差异

作为当前最流行的基于深度学习的图像识别技术，深度神经网络图像识别技术是一种比较新的图像识别技术，是在传统的图像识别方法和基础上融合神经网络算法的一种图像识别方法，在很多领域都得到应用。在图像识别系统中利用神经网络系统，一般会先提取图像的特征，再利用图像所具有的特征映射到神经网络进行图像识别分类。以汽车车牌自动识别技术为例，当汽车通过时，检测设备就会启动图像采集装置来获取汽车正反面的图像，经过通信线路将获取的图像上传到计算机进行预处理并保存，然后车牌定位模块就会提取出车牌信息，对车牌上的字符进行识别并显示最终的结果。在对车牌上的字符进行识别的过程中，就用到了神经网络算法。目前，主要使用BP神经网络、卷积神经网络等模型来实现图像的分类。

3.3 卷积神经网络识别图像

通过上述内容的学习，我们知道如果将一张图像输入到训练好的图像识别模型中，就可以识别出图像中的物体。当前，图像识别模型中，识别效果比较理想的神经网络算法主要是采用卷积神经网络。卷积神经网络是一种具有卷积计算且有深度结构的前馈神经网络。一个卷积神经网络通常由输入层、卷积层、响应函数、池化层、全连接层和输出层构成，如图3-6所示。

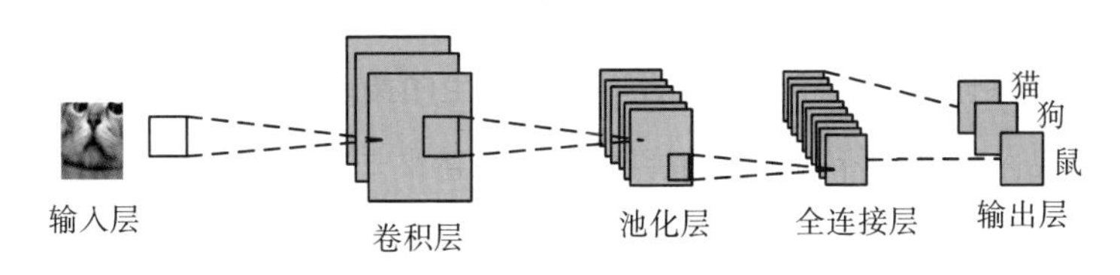

图3-6　一个卷积神经网络的结构图

在图3-6中，第一层作为输入层，输入一张猫的图片，然后利用卷积运算提取图像的特征值，接着通过池化运算降低图片的分辨率，池化层的输出特征图通过全连接层(卷积层)转换成特征向量，特征向量通过全连接层和响应函数得到对图片上的动物所属类别的预测。

下面，对卷积层、池化层、全连接层的概念以及各层实现的过程进行简要介绍。

卷积层是卷积神经网络的主体，是用卷积运算对原始图片或上一层的特征进行处理的层。卷积运算的目的是提取输入的不同特征，第一层卷积层可能只能提取一些低级的特征，如边缘、线条和角等层级，更多层的网络能够从低级特征中迭代提取出更复杂的特征。

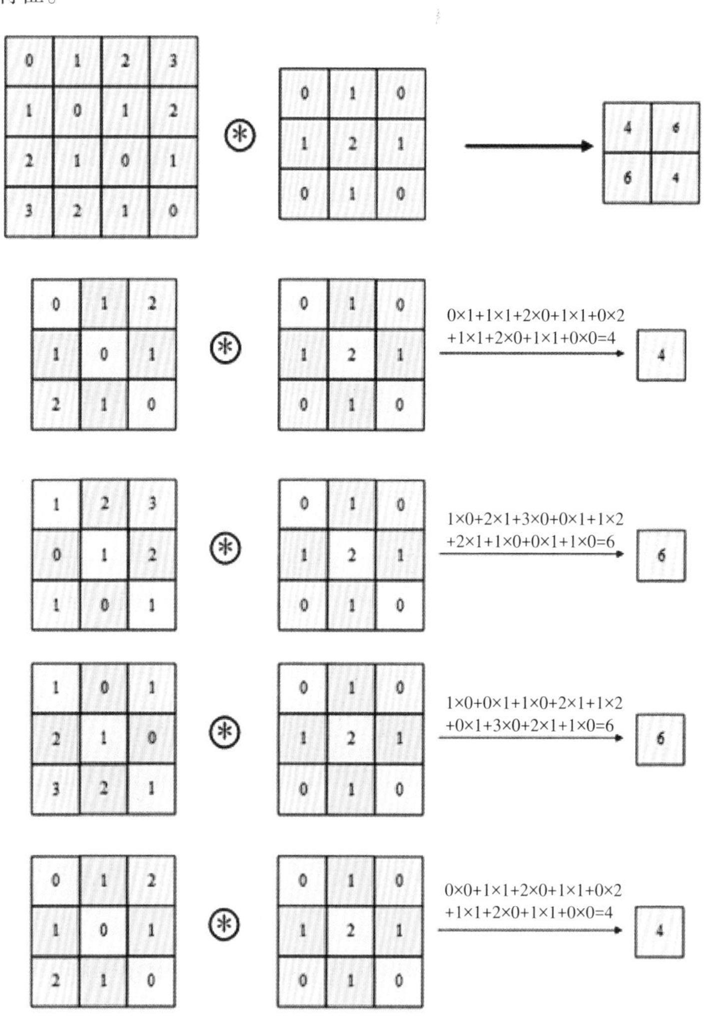

图3-7　卷积层的运算(⊛表示卷积运算符号)

卷积运算相当于图像处理中的“滤波器运算”。如图3-7所示，输入是一个大小为4行4列的矩阵，滤波器大小是3行3列，步长(应用滤波器的位置间隔)为1，输出大小是2行2列的矩阵。把各个位置上的滤波器的元素和输入的对应元素相乘，然后再求和，得到结果保存到输出矩阵的对应位置。然后把这个过程针对整个表进行一遍，就可以得到卷积运算的结果。

池化层是卷积神经网络中另一个重要的概念，其作用是降低维度和减少过拟合现象。非线性池化函数有多种不同形式，其中“最大池化(Max池化)”是最常用的。它是将输入的图像划分为若干个矩形区域，对每个子区域输出最大值。

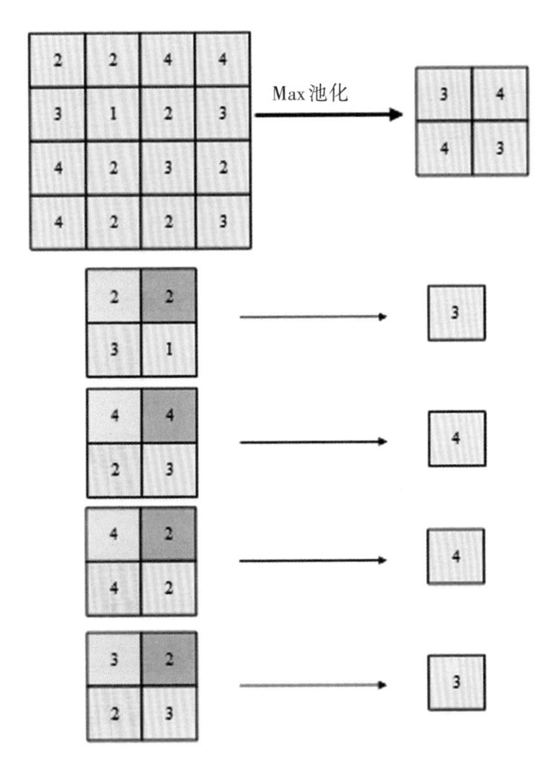

图3-8　Max池化的处理顺序

在图3-8中，描述了步长为2时，进行2×2的Max池化的处理顺序。“Max”表示获得最大值的运算，“2×2”是目标区域的大小，即2行2列的一个矩阵。Max池化其实是从2×2的区域中取得最大元素的过程。此外，在本例中步长为2，所以2×2的窗口的移动间隔为2个元素。

在整个卷积神经网络中，全连接层充当了“分类器”的作用。如图3-9所示，全连接层的每一个结点都与上一层的所有结点相连，可以把前边提取到的特征综合起来。

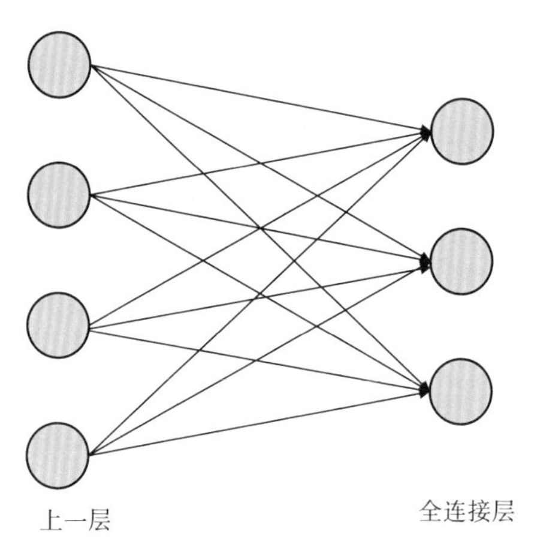

图3-9　全连接结构图

通过上述运算，卷积神经网络能够发现输入图像中“猫”的特征与该卷积神经网络模型已学习到的“猫”的特征非常相似，所以输出图像中的物体是“猫”的结果。卷积神经网络模型与生物大脑神经网络比较接近，该模型当前主要运用在语音识别和图像处理等领域，并取得了不错的成绩。

3.4 图像识别的应用

随着深度学习技术的逐渐成熟,图像识别技术已经在越来越多的行业进行应用。下面通过几个典型应用场景来看一看图像识别技术的本领。

◆应用一:智能家居

随着科学技术的发展以及人们生活水平提高的需求,智能设备应用到家居行业也越来越多,智能家居成为现代家居业的重要发展趋势。智能家居给人们的生活带来了诸多好处,提高了家居安全性、便利性、舒适性、艺术性等。智能家居系统示意图如图3-10所示。

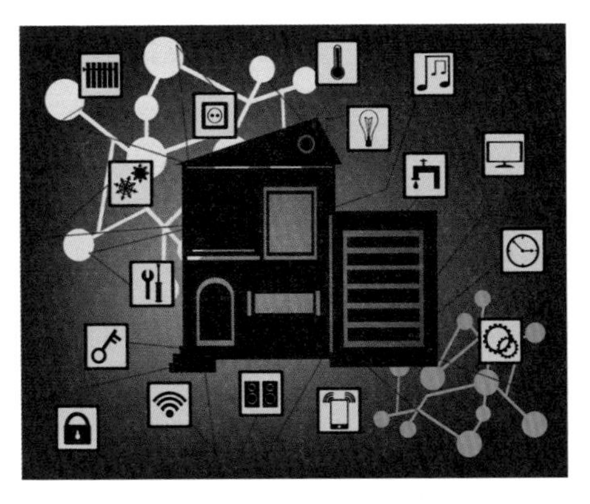

图3-10 智能家居系统示意图

智能家居融合了多种人工智能技术。其中，住户识别主要采用了图像识别技术，涉及图像处理、模式识别、神经网络等多门学科，是智能家居系统的重要辅助工具。目前，在智能家居系统中，图像识别技术主要应用在监控系统或门禁系统等方面，已经广泛应用于多个场景当中。

在智能家居中，监控系统通过图像识别技术识别出摄像头获取的图像内容。例如，当室外出现可疑行人或奇怪的事物时，系统将会及时给用户发送报警信息。在门禁系统应用中，通过实时获取人脸图像或指纹信息，并与系统数据库中已保存的相应信息做匹配，匹配成功则自动打开门锁，允许用户进入；否则，将不允许用户进入。

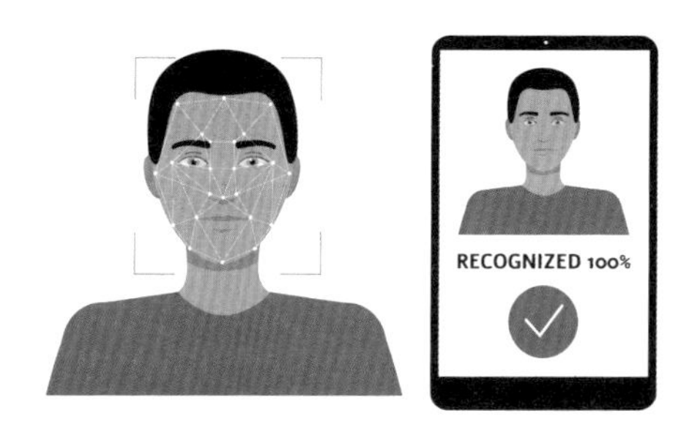

图3-11　人脸识别系统示意图

◆ 应用二：金融领域

随着互联网的普及和科技创新的快速发展，带动了智慧金融的兴起。在金融领域中，图像识别主要应用在身份识别和智能支付两方面，提高了支付的安全性和生活的便利性。

在银行客户身份识别的过程中，通过证件识别系统进行一系列的验证、匹配和判定，从而快速完成身份核实。例如，中国银行采用

OCR身份证识别技术，能够快速识别到客户的身份证信息，并通过互联网进行审核及验证身份信息，确保了用户身份的真实性。此外，市面上还推出了远程自助开户的实名认证的解决方案，利用身份证识别、银行卡识别及人脸识别，从而完成身份的验证。

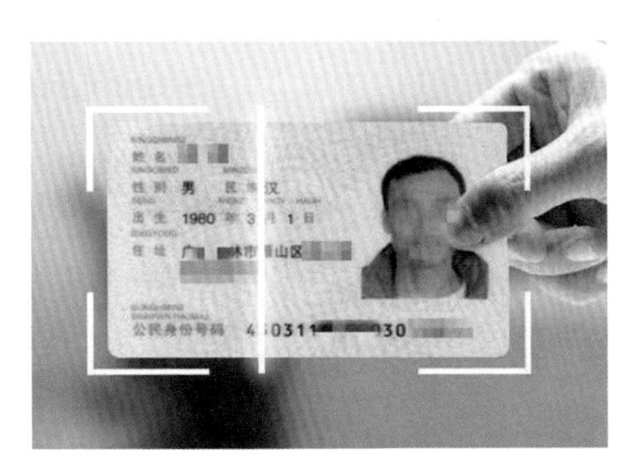

图3-12　证件识别

在电子商务应用中，移动支付的方式也呈现多样化发展。美团提出智能支付的概念，并专注于实现支付、外卖、团购、会员营销的功能融合，已开发出“智能POS”“二维码”“小美盒子”“全渠道营销”等一系列智能、快捷、高效的产品。

当前，现金支付的时代已经过去，大多数人已经习惯于使用微信、支付宝等无现金支付方式，极大地便利了商品交易过程。

◆应用三：智能安防

在安防领域中，图像识别应用也比较多，特别是从视频监控里能够直接帮助用户提取出视频画面中“人”的信息，有效地提升了监控系统的实用价值，已成为构造智慧城市的核心部分。

2017年10月24日，海康威视与英伟达、英特尔公司携手合作，发布了基于深度学习技术的全系列智能安防产品。其中，海康威视发布的"深眸"系列专业智能摄像机依托强大的多引擎硬件平台,内嵌专为视频监控场景设计优化的深度学习算法,具备了比人脑更精准的安防大数据归纳能力,实现了在各种复杂环境下人、车、物等多重特征信息的提取和事件检测,可广泛适用于室内、室外等多种场景的视频监控。

图3-13 智能监控系统示意图

如今,智能化的产品、技术、解决方案等在安防领域得到广泛应用。深度学习在推动人工智能高速发展的同时,也为安防行业的技术更新带来机会。在未来,深度学习在安防领域的应用将会更加广泛。

◆ 应用四:智慧医疗

随着大数据、互联网和信息科技在智慧医疗领域的应用,智能医疗得到了迅速的发展。目前,在智能医疗中,人工智能医学影像识别技术变得更加成熟,能够更精准、更快速地识别出X光片、MRI和CT扫描片等图片。

图3-14　智慧医疗概念图

根据美国《每日科学》报道,美国国立卫生研究院研发了一种自动视觉评估的人工智能算法,可以分析宫颈的医学数字图像,并准确识别癌前病变。该数据来自20世纪90年代的宫颈癌研究档案,9400名妇女拍摄了6万多个宫颈图像。该算法能够比人类专家更准确地鉴定癌前病变,准确度高达到91%。

◆ **应用五:智能交通系统**

智能交通系统通过人、车、路的密切配合来提高交通运输效率,缓解交通阻塞,提高路网通过能力,减少交通事故,降低能源消耗,减轻环境污染。图像识别技术已广泛应用于交通运输领域,包括交通违章监测、交通拥堵检测和信号灯识别等。

图3-15　智能车辆识别

以济南交通为例，济南“交通大脑”基于当前最前沿的交通管理、大数据分析、人工智能等技术，汇聚了济南市当前几乎所有和交通相关的海量数据，旨在打造一个既具交通管理智慧，又具备升级进化能力的交通管理和服务平台系统。该系统通过智能分析、研判交通流量、车载导航、车辆状态等多种数据源，在掌握最准确的交通态势基础上，实现区域化、自动化和智能化的信号控制，从而最大限度地便利人们出行。

图3-16　济南“交通大脑”

第四章

机器翻译：你的私人翻译助手

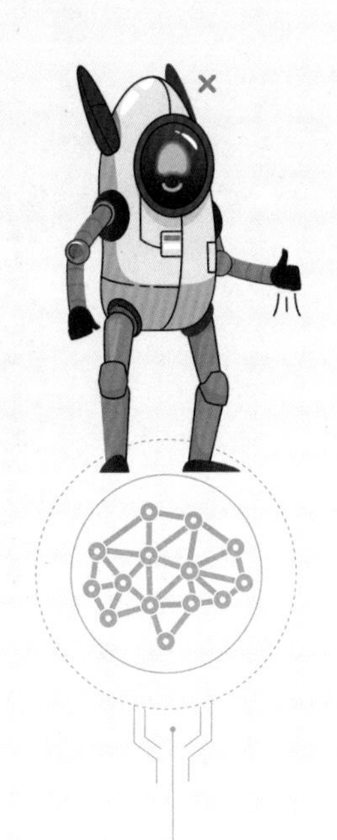

重庆作为“网红”城市，知名景点数不胜数。其中，洪崖洞以其巴渝传统建筑和民俗风貌特色吸引了海内外的游客纷纷前来打卡。出租车司机陈师傅这几年就经常拉“老外”，但是以前他可不能够像现在这样轻松自如地服务这些乘客。语言的鸿沟，往往让他们的沟通牛头不对马嘴，经常急得陈师傅满头大汗。但现在，即使不会外文，陈师傅也能够和他们谈笑风生了。你可能在想难道是外国友人都会中文了吗？当然不是，这要归功于陈师傅手上的那个小家伙——智能翻译机。而在这些便利的背后，是一项正在深刻地改变着我们生活的技术——机器翻译。

4.1 多国通：科大讯飞智能翻译机

随着科技革命的到来，我们的地球正在成为一个“地球村”。我们都是“地球村”的村民，但是语言障碍却让我们在和外国伙伴交流时困难重重，因为不可能每个人都随身跟着一位翻译人员，而且还要求他精通多国语言。此时，很多人在想能不能发明一个轻便的设备，把外国人说的话转化为我们能看得懂的文字或者机器可以理解的指令，然后再翻译成我们能够听懂的母语呢？

在人工智能技术快速发展的今天，这一设想已经成为现实。如今，结合语音识别和机器翻译的技术已经在我们的现实生活中得到了广泛应用。知名的人工智能企业科大讯飞，推出了全球首款实时中英文同声智能翻译器——讯飞翻译机（如图4-1所示），它能够帮助你跨越语言的障碍。

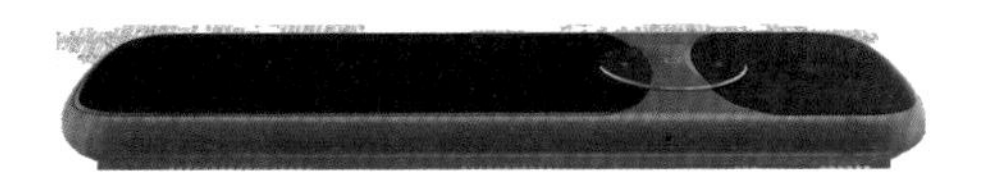

图4-1　科大讯飞翻译机

不同于以往翻译机器笨重的体型，这个小东西身躯单薄，但却蕴藏着巨大的能量。在日常的衣食住行等生活场景中，讯飞翻译机的英语翻译水平已经达到了大学英语六级水平。不但能够在两秒内实现同声翻译，而且翻译结果十分准确，同时还能满足不同目标群体的多样化需求。

讯飞翻译机中搭载了国际领先的语音合成、语音识别、口语翻译引擎，以大量日常对话内容为翻译基础，并对当下热词、新词进行及时更新，“人艰不拆”“睿智”等网络流行词语也已被收录其中。科大讯飞的后台云端数据库更是涵盖超过4000万条的日常情景对话，基本覆盖了衣、食、住、行各种生活场景。此外，讯飞翻译机还支持拍照翻译、方言翻译等，如图4-2所示。

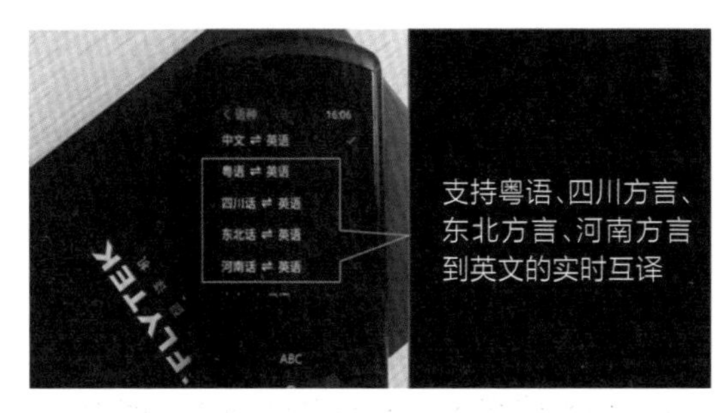

图4-2　讯飞翻译机支持的方言

据统计，目前世界语言共有7000多种。科大讯飞翻译机问世以来，得到了多个国家的国际友人的高度评价。2018年12月，在中国-巴拿马经贸合作论坛的中国-巴拿马综合品牌展览会上，巴拿马贵宾拿起翻译机用西班牙语说道：“Bi-envenidos a Panamá！”话音刚落，“欢迎来到巴拿马！”的汉语即刻从翻译机中传出。讯飞工作人员说道：“我想把它作为礼物送给您，期待未来翻译机可以帮助中国和巴拿马之间的交流。”巴拿马贵宾当即欣然接受了这份赠礼。

图4-3　巴拿马贵宾参观科大讯飞展台

目前，讯飞翻译能制够实现59种语言的实时互译，中英在线翻译的效果可媲美专业八级水平，可实现0.5秒的快速响应。此外，还支持中文与58种语言的语音翻译，可直接随手翻译和学习58种语言表达，还支持中文与13种语言的拍照互译。

图4-4　拍照翻译

话说回来，市面上只有科大讯飞的翻译机足够出色吗？当然不是。小米、搜狗、百度、网易等互联网知名企业在近年来纷纷推出自家的即时翻译机产品，并且各有各的特色。例如，小米旗下的米家有品推出了一款即时翻译产品——魔芋AI翻译机，如图4-5所示。魔芋AI翻译机的自带系统中内置了微软的人工智能翻译引擎，可支持包括170个国家和地区在内的14种语言，搭载微软语音、机器翻译、自然语言理解三种模块。魔芋AI翻译机还收录了500多万句的专用句库并持续更新，能够帮助用户轻松实现国外旅行过程中的问路、购物、点餐、酒店入住等事项。

图4-5　魔芋AI翻译机

当然，如果只有单一的翻译功能的话，在现在的市场状况下是没有太多的竞争力的。作为一家以科技革命为己任的企业，小米也深知这点。因此，小米在魔芋AI翻译机中内嵌了自研的人工智能助手——小爱同学，以致力于将其打造成人工智能翻译机，这将大幅度提高用户的使用便捷度。

魔芋AI翻译机附带的查天气、听电台、听新闻、查汇率等互动性功能都可以在外出时帮到你，同时它也具备人工智能自我学习和自我修正的能力，使得魔芋翻译机可以达到越用越好用的效果。

小米还推出致力于外语助学的小米小爱老师翻译机，该产品内置牛津词典、新华字典、新时代汉英大词典、现代汉语词典等，搭配金山词霸和互动百科两大知识库，打造出25万英语词条和20万汉语词条的词库。小爱老师具有音标纠错、口语跟读、情景对话、经典诵读等功能，可以实现包括看、听、说、想、单词对战、单词电台及由7种复习检测方法共同组成的13种学习方式，帮助学生提升英语水平，其主要功能如图4-6所示。

图4-6　小米小爱老师功能列表

网易公司研发的网易有道，是国内首款支持离线翻译功能的翻译软件，在没有网络的情况下也能顺畅使用。支持中、英、日、韩、法、俄、西等七国语言的翻译。同时具有摄像头翻译和拍照翻译等功能，无需手动输入便可快速获取翻译结果，更有丰富的例句可供参考。

此外，网易有道还推出了学习类硬件工具产品——有道词典笔。有道词典笔采用铝材一体化机身设计，整机仅比一支普通的中性笔略大，小巧轻便，易于携带。机身只有3个按键，用户只需要轻轻一扫即可查询单词。相比于传统的单词查询方式，有道词典笔平均每秒可查询1个单词，是翻阅纸质词典查询效率的15倍，是电子词典查询效率的5倍。

图4-7　有道词典笔

◆**试一试：**

请你对当前市面上常用的机器翻译软件，如百度翻译、有道翻译官、谷歌翻译、Transmate等，进行满意度、效率、易用性的评价，看一看这些翻译软件的优点有哪些。

4.2 一路坎坷:机器翻译的发展历程

机器翻译,又称为自动翻译,是利用计算机把一种自然语言转变为另一种自然语言的过程,一般指自然语言之间句子和全文的翻译。1949年,资深翻译研究者沃伦·韦弗正式提出了机器翻译的概念,但在随后数十年的发展中机器翻译还远远无法达到人们的要求,相关研究曾一度停滞。机器翻译领域的发展历程可以分为开创期、受挫期、恢复期和新发展时期等阶段。

图4-8 沃伦·韦弗

1.开创期(1947-1964年)

1954年,美国乔治敦大学在IBM公司协助下,用IBM-701计算机首次完成了英语与俄语之间机器翻译试验,向公众和科学界展示了机器翻译的可行性，从而拉开了机器翻译研究的序幕。

图4-9　IBM-701英语-俄语机器翻译试验

从20世纪50年代开始到20世纪60年代前半期，机器翻译研究呈不断上升的趋势。美国和苏联两个超级大国出于军事、政治、经济目的，均对机器翻译项目提供了大量的资金支持，而欧洲国家由于地缘政治和经济的需要也对机器翻译研究给予了相当大的重视，机器翻译一时出现热潮。这个时期机器翻译虽然刚刚处于开创阶段，但已经进入了乐观的繁荣期。

中国在机器翻译领域的研究起步也比较早。1956年，国家把机器翻译研究列入了全国科学工作发展规划，课题名称是“机器翻译、自然语言翻译规则的建设和自然语言的数学理论”。1957年，中国科学院语言研究所与计算技术研究所合作开展俄-汉语机器翻译试验，翻译了9种不同类型的较为复杂的句子。

2.受挫期(1964-1975年)

1964年，为了对机器翻译的研究进展做出评价，美国科学院成立了语言自动处理咨询委员会，开始了为期两年的综合调查分析和测试。1966年11月，该委员会公布了一个题为《语言与机器》的报告，该报告全面否定了机器翻译的可行性，并建议停止对机器翻译项目的资金支持。这一报告的发表给正在蓬勃发展的机器翻译研究工作当头一棒,机器翻译研究陷入了近乎停滞的局面。

3.恢复期(1975–1989年)

进入20世纪70年代后,随着科学技术的发展和各国科技情报交流的日趋频繁,打通语言障碍显得更为迫切,传统的人工翻译方式已经远远不能满足需求,迫切需要计算机来从事翻译工作。同时,计算机科学、语言学研究的发展,特别是计算机硬件技术的大幅度提高以及人工智能在自然语言处理上的应用,从技术层面推动了机器翻译研究的复苏,机器翻译项目又开始发展起来,各种实用的以及实验系统被先后推出,例如Weinder系统、EURPOTRAA多国语言翻译系统、TAUM–METEO系统、KY–1和MT/EC863英汉机译系统等。

4.新时期(1990年至今)

随着互联网的出现,世界经济一体化进程的加速以及国际社会交流的日渐频繁,人们对于机器翻译的需求空前增长,机器翻译迎来了一个新的发展机遇。国际上关于机器翻译研究的会议频繁召开,中国也取得了前所未有的成就,相继推出了一系列机器翻译软件,例如“译星”“雅信”“通译”“华建”等。在市场需求的推动下,商用机器翻译系统迈入了实用化阶段,走进了市场,来到了用户面前。

21世纪以来,随着互联网及移动互联网的普及,数据量激增,统计方法得到充分应用。互联网公司纷纷成立机器翻译研究组,研发了多种基于互联网大数据的机器翻译系统,从而使机器翻译真正走向实用,例如“百度翻译”“谷歌翻译”等。

近年来,随着深度学习的进展,机器翻译技术得到了进一步的发展,促进了翻译质量的快速提升,在口语及多种语言互译等领域的翻译更加地道、流畅。2014年，深度学习领域的重要推动者约书亚·本吉奥首次提出基于深度学习技术的机器翻译架构。他主要是使用深度学习技术中主流的循环神经网络RNN，能让机器自动捕捉到句子间的单词特征，从而达到能够自动将句子翻译成另一种语言的效果。

图4-10 约书亚·本吉奥

基于该研究成果，谷歌和蒙特利尔大学随即发布第三代机器翻译技术，也就是基于端到端的神经网络机器翻译技术。那什么是"端到端"呢？根据相关资料的解释，在深度学习技术中端到端学习是一种解决问题的思路。端到端是由输入端的数据直接得到输出端的结果。与之对应的是多步骤解决问题，也就是将一个问题拆分为多个步骤分步解决。这种端到端的思路有什么优点呢？基于端到端的神经网络机器翻译技术，通过缩减人工预处理和后续处理流程，尽可能让模型从原始输入直接得到最终输出结果，从而让机器翻译模型有更多根据原始数据（不需要经过事先处理的直接的原始数据）来自我调节的空间，提高机器翻译结果的质量。谷歌于2016年正式宣布将所有仅仅基于统计的机器翻译软件全部下架，基于神经网络的机器翻译软件正式上线，并逐渐成为现代机器翻译的主流技术。

图4-11　谷歌翻译

基于神经网络的多语言机器翻译源于序列到序列学习和多任务学习,从类型上可以分为单语种到多语种翻译、多语种到单语种翻译以及多语种到多语种翻译等。例如,将中文同时翻译成英文、韩文等三种语言,如图4-12所示。

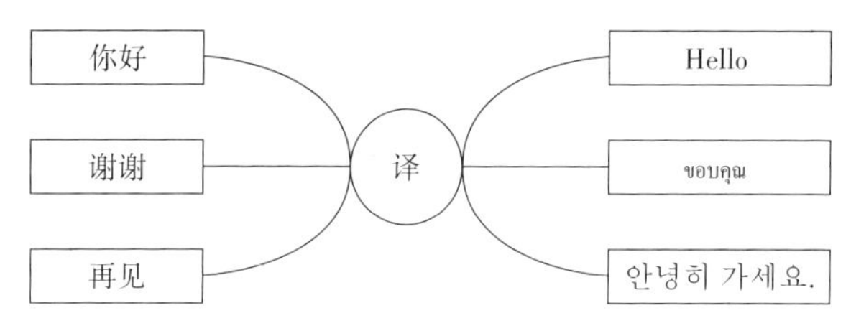

图4-12　单语种到多语种翻译

这种单对多的机器翻译技术在实际场景中应用广泛,例如我们在新闻中看到当某国领导人在联合国发表主题演讲时,常常需要机器翻译软件能够做到同时将单种语言实时同步翻译成多种语言。但是,当前的机器翻译软件仍无法较好地满足这一需求,在翻译语言的种类和翻译准确性上都离实际要求还有较大差距。如何设计出在源语言只有一种而目标语言有多种时比较理想的机器翻译方法,是深度学习机器翻译研究的重点之一。

我国科学家董大祥等在2015年首次将多任务学习引入序列到

序列学习，实现了一种语言到多种语言的机器翻译方法。什么是序列到序列学习呢？生活中的所有事物都是与时间相关的，那么相对应的就会形成与时间相关的一个序列。接着，为了对序列数据（文本、演讲、视频等）进行处理，我们就可以在神经网络中导入整个序列。但是，这样的做法存在着明显的局限性，因为我们输入神经网络的数据大小是固定的，如果重要的时序特征事件恰好落在输入端的窗口之外，那么就可能会丢失重要的信息。所以，我们需要的是能对任意长度序列做逐个元素读取的神经网络，并且是有记忆的神经网络，能够记得若干个时间步长以前的事件。这些问题和需求已经催生出多种不同的循环神经网络。

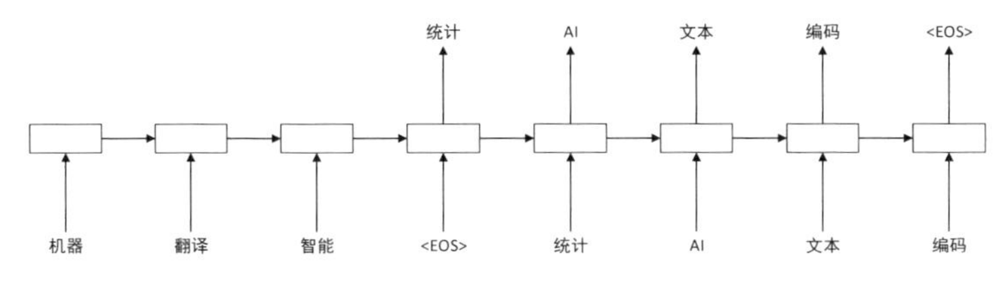

图4-13　序列到序列的学习模型

单语种到多语种的神经网络机器翻译方法，增加了多任务学习模型，让源语言采用一个编码器，再让每个目标语言单独采用一个解码器，并且每个解码器都有自己的注意力机制。那什么是编码器和解码器呢？

举个形象的例子，让我们来想象一个西红柿，想象那些与西红柿相关的配料或菜肴。如果你的想法和最常见的菜谱相近，那你想到的可能是诸如鸡蛋、橄榄油、青椒等，这些都是西红柿炒鸡蛋的主要配料。

图4-14　西红柿炒鸡蛋

如你所想，就是把词汇“西红柿”的表征变换成新的表征：“西红柿炒鸡蛋里的西红柿。”而编码器就是做的同样的事情，它通过变换词汇的表征，把输入词汇逐个变换为新的“思维向量”，就像给“西红柿”加入了上下文“西红柿炒鸡蛋”一样。而解码器要做的工作就是把这些由编码器产生的“思维向量”映射到机器翻译模型的嵌入空间里去，从而保证所翻译的句子的前后逻辑关系正确。

在单语种到多语种的神经网络机器翻译方法中，这些解码器共享同一个编码器，从而能够采用一个模型完成多种语言之间的翻译。这种方法通过共享源语言编码器，能够提高对资源稀缺语言的翻译质量。但是不足之处在于每个解码器都拥有单独的注意力机制，计算复杂度较高，限制了在大规模语言翻译上的应用。

目前，基于深度学习的机器翻译技术取得了巨大成功，新的研究成果不断涌现出来。但是，在如何提高语言模型的可解释性，以及如何搭建多语言的机器翻译模型等方面仍然存在许多值得深入研究的问题，这将成为未来研究的重点方向。

◆ **想一想：**

什么时候机器翻译能够完全替代人工翻译呢？这是很多人想

知道的答案。实现不同语言之间的无障碍交流是计算机发明初期就开始追逐的梦想。机器翻译在经过了60多年的发展历程之后，从基于规则的机器翻译到基于统计的机器翻译，直到当前流行的基于神经网络的机器翻译。虽然还没有完全解决翻译问题，但是随着人工智能技术和深度学习技术的日益发展，相信达到这个目标的日子会越来越近。那么，你认为什么时候机器翻译能够完全替代人工翻译呢？

4.3 凤凰涅槃:基于深度学习技术的机器翻译

《山海经》中曾记载了这样一个美丽的传说,古老的凤凰在生命即将终结时,便会收集梧桐枝自焚,在烈火中获得新生,重生后的凤凰羽翼更丰、其音更清、其神更髓。当凤凰从火中再次振翅冲天时,它的灿烂光芒照亮的又岂止是我们的双眼?在前面的内容中我们回顾了机器翻译的发展历程,每一次的变革都给这个领域带来新的生机,这正和凤凰涅槃的寓意完美契合了。

图 4-15　凤凰涅槃图

近年来,对于机器翻译中许多发展停滞的关键领域,专家学者们开始从深度学习的视角来思考其解决方案。深度学习技术在图像识别、自然语言处理、语音识别等领域得到广泛应用并取得巨大成功。那么将深度学习技术应用于机器翻译领域是否能够获得同样的成功?答案是肯定的。

图4-16　深度学习的应用领域

在机器翻译中,目前应用最广泛的深度神经网络类型是循环神经网络RNN,它是一种由各个节点定向连接成环的人工神经网络,具体结构如图4-17所示。

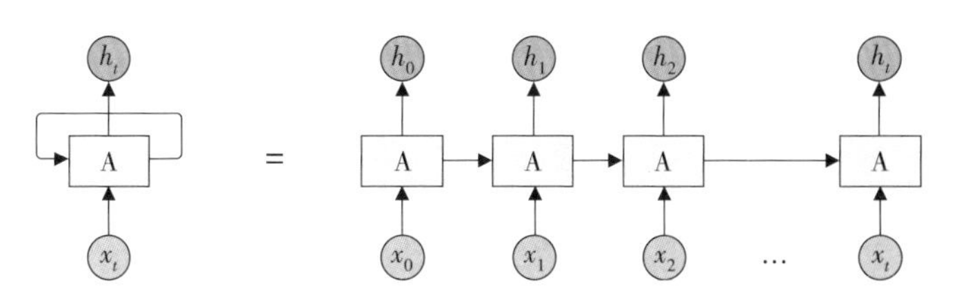

图4-17　循环神经网络(RNN)结构

这种网络的内部状态可以较好地展示动态的基于时间序列的行为,RNN可以利用它内部的记忆来处理任意时间节点的输入序列,这让它可以更容易处理不分段的文本识别、语音识别等。通常,我们在翻译一个词或短语时需要考虑该词的上下文信息。循环神经网络因其特有的实现原理,具有对上下文记忆的优点,因而能够适用于机器翻译任务。伊利亚·莎士科尔等人实现的“编码器-解码器”框架中,编码器端的循环神经网络能够依次从输入序列的首个词语开始按照顺序进行扫描,直到编码至最后一个词语,从而得到用来表示句子的向量,其整体实现原理如图4-18所示。

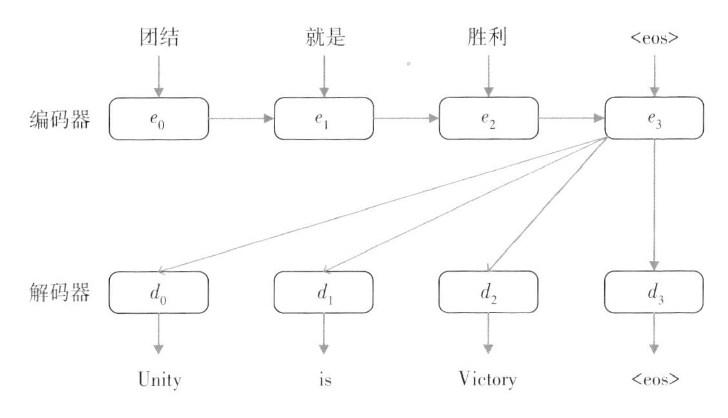

图4-18　基于RNN的“编码器-解码器”框架

在机器翻译中单独使用RNN模型并不能较好解决传统模型存在的问题,因此研究人员在RNN模型中引入了注意力机制来动态计算源语言端的上下文,如图4-19所示。首先通过分词可以得到输入到模型中源语言的词序列,接下来对每个词都用一个词向量进行表示,从而得到相应的词向量序列,然后用正向的RNN神经网络得到它的正向编码表示,再用一个反向的RNN,得到它的反向编码表示,将正向和反向的编码表示拼接起来,最后再用注意力机制来预测哪个时刻需要翻译哪个词,通过不断地预测和翻译,就可以得到目标语言的译文。

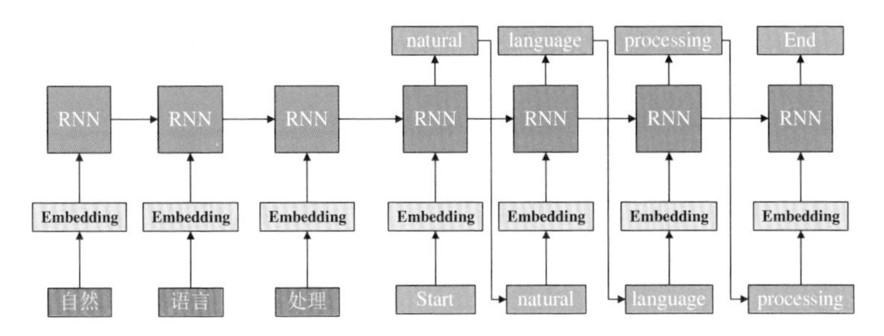

图4-19　基于RNN的神经网络机器翻译

从近期国内外相关研究结果可以看出,机器翻译的性能在某些语言、某些应用场景上已经能够接近甚至优于人工翻译的水平。我们有理由相信,随着深度学习技术与机器翻译领域的进一步融合发展,借助机器实现不同语言之间的随意转换的梦想终将实现。

但是,因语法、词法、句法发生变化或者不规范,机器翻译出现错误是难免的。比如《大话西游》中"给我一个杀你的理由"之类的句子,机器是很难正确翻译的。机器毕竟是机器,没有人对语言的特殊感情,它怎么能感受到"最是那一低头的温柔,像一朵水莲花不胜凉风的娇羞"的韵味呢? 毕竟中文因其词法、语法、句法的变化及其语境的变化,其意思将大相径庭,就连很多人都会"丈二和尚摸不着头脑",更别提机器了。

◆想一想:

机器翻译技术作为人工智能领域的重要研究内容之一,是语言学、认知科学、信息论以及计算机科学等多学科融合发展的产物。从基于规则的机器翻译方法到基于统计的机器翻译方法,由专家制定规则转变为数据驱动模型,解决了机器翻译中知识获取瓶颈的问题。再从基于统计的机器翻译方法到端到端神经网络机器翻译方法，从根本上解决了此前严重阻碍机器翻译领域快速发展的几个瓶颈难题。从本节的介绍中，我们可以知道RNN神经网络已经在机器翻译模型中得到大范围的应用和研究。那么下一个被广泛应用在机器翻译的深度学习模型会是什么呢？又会将机器翻译推向何种水平呢？

第五章

运筹帷幄：机器帮你出谋划策

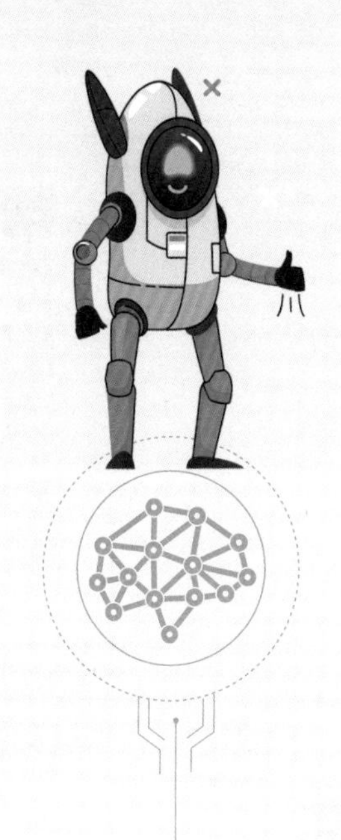

智能决策支持系统是将人工智能技术引入决策支持系统而形成的一种新型信息系统。它是以信息技术为手段，应用管理科学、计算机科学、运筹学以及其他相关学科的理论和方法，针对半结构化和非结构化的决策问题，通过提供背景材料、协助明确问题、修改完善模型、列举可能方案、进行分析比较等方式，为管理者做出正确决策提供帮助的智能型人机交互式信息系统。研制、建设和利用智能决策支持系统对于增强知识开发和利用的能力，改善决策的智能化水平，提高系统的应用效果具有重要的理论意义和实际价值。

5.1 智能决策支持系统

随着社会经济和科学技术的不断发展，急需解决的问题变得越来越复杂，涉及问题求解的模型也越来越多，同时，为了解决复杂的问题，问题求解模型也会通过数据增强技术扩充数据并进行复杂的处理。随着模型数量越来越多，不得不解决多模型辅助决策的问题，在没有决策支持系统时，需要依靠人力对各模型进行联合和协调，这样既费时、费力，也往往会出现意想不到的错误。

决策支持系统的出现，能够有效地解决计算机自动组织和协调多模型运行的问题，并对数据库中数据进行存储、读取和处理，具有较强的辅助决策能力。决策支持系统把多种模型（数学模型、数据处理模型以及其他模型）进行组织和存储，对建立的模型库和数据库进行高效整合，并且具有人机交互功能，为自动化地进行问题求解提供了极大便利。

在当前智能化时代，如何实现智能决策成为人们关注的一个重要课题，智能决策支持系统的概念随之诞生。智能决策支持系统是指利用人工智能技术，结合决策支持系统，应用专家系统技术，使决策支持系统能够更充分地应用人类专家的知识通过逻辑推理来帮助解决复杂的决策问题的辅助决策系统。它是在特定的领域模仿专家的思维来解决实际问题的计算机程序，主要由人机接口、自然语言处理系统、问题处理系统、知识库管理系统、知识库和推理机等组成,因此智能决策支持系统是由决策支持系统和专家系统集成而来,如图 5-1 所示。

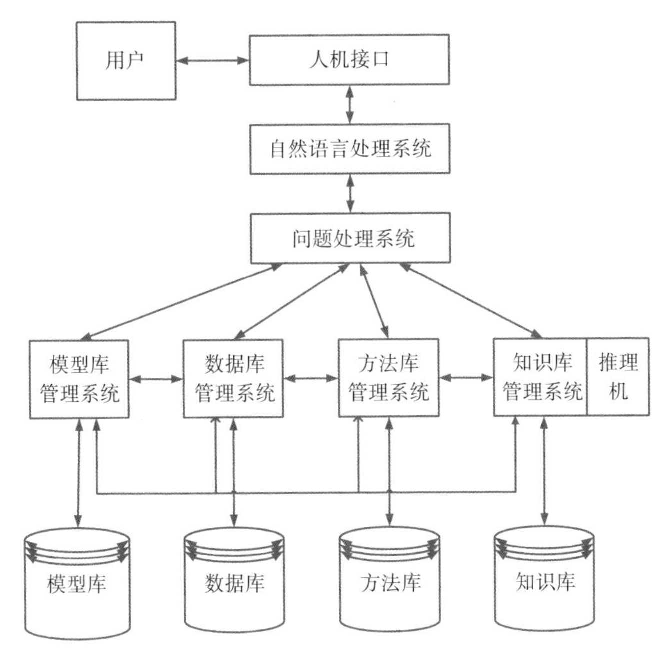

图 5-1 智能决策支持系统结构图

1. 人机接口

人机接口可接受用自然语言或接近自然语言的方式表达的决策问题及决策目标,这较大程度地改变了人机界面的性能,增强了人机交互的能力。

2. 自然语言处理系统

自然语言处理系统用来转换产生的问题描述,并判断问题的结构化程度。

3. 问题处理系统

问题处理系统处于智能决策支持系统的中心位置，是联系人与计算机及其存储的求解资源的桥梁，主要由问题分析器与问题求解器两部分组成。它既要识别与分析问题并设计求解方案，还要为问题求解调用模型库、数据库、方法库及知识库中的数据、模型、方法和知识资源。对于半结构化或非结构化的问题，还要使用推理机对新知识进行推理。问题处理系统的工作流程如图5-2所示。

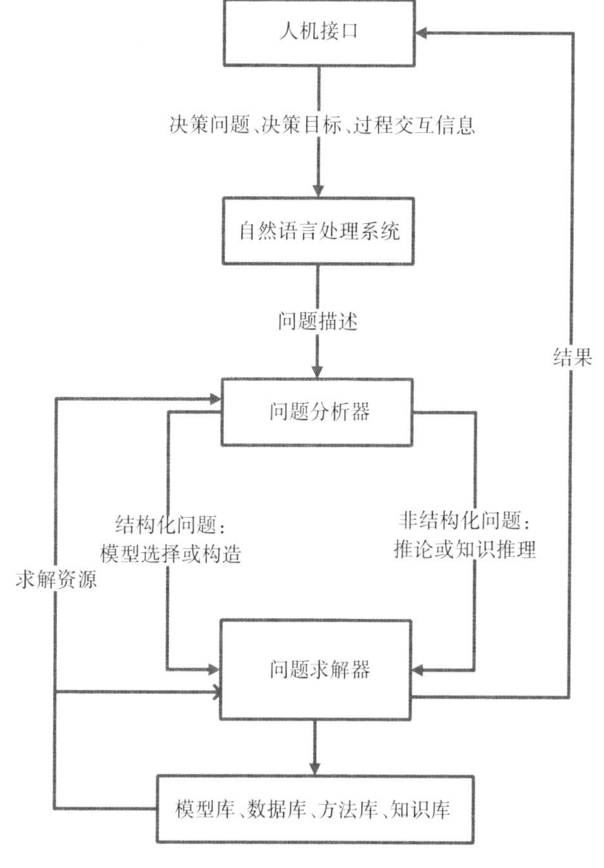

图5-2　问题处理系统的工作流程

4.知识库和推理机

知识库子系统是对有关规则、因果关系及经验等知识进行获取、解释、表示、推理以及管理与维护的系统。知识库子系统从组成上来看可分为三部分:知识库管理系统、知识库及推理机。实践表明,只有当决策支持系统具有较丰富的知识和较强的知识处理能力时,才能向决策者提供更为有效的决策支持。

(1)知识库管理系统。主要有两个功能:一是回答对知识库中知识增加、删除、修改等知识维护的请求;二是回答决策过程中问题分析与判断所需知识的请求。

(2)知识库。知识库是知识库子系统的核心。知识库中存储的是决策专家的决策知识和经验知识,同时也包括一些特定问题领域的专门知识。

知识库中的知识表示,是为描述现实世界所设计的一组约定,是知识的符号化过程。对于同一知识,可以有不同的知识表示形式,知识的表示形式直接影响推理方式,并在很大程度上决定着一个系统的能力和通用性。

知识库包含事实库和规则库两部分。例如:事实库中存放了“任务A是紧急订货”“任务B是出口任务”这样的事实。规则库中存放着类似如下形式的规则:

规则1:如果 任务i是紧急订货,并且任务i是出口任务,那么 任务i按最优先级安排计划;

规则2:如果 任务i是紧急订货,那么任务i按优先级安排计划。

(3)推理机。推理机是一组人工智能程序,它针对用户问题,能够从已知事实中推出新事实(或结论)。如上例所示,根据规则1和规则2,推理机将会给出先安排任务B,再安排任务A的决策。

5.2 智能决策支持系统的发展历程

20世纪70年代，美国学者莫顿在《管理决策系统》中提出了决策支持系统的概念，随后决策支持系统的发展受到人们的关注。

1980年，美国学者斯普拉格提出决策支持系统三部件结构，分别为对话部件、数据部件和模型部件，明确了决策支持系统的框架结构，对决策支持系统的发展产生了重要的影响。

1990年前后，早期的智能决策支持系统由决策支持系统与专家系统相结合，实现对知识进行处理。智能决策支持系统在专家系统的基础上，具有知识推理的定性特性和模型计算的定量特性，通过定性和定量的有机结合，能够让解决问题的能力和范围得到进一步的提升。

在20世纪90年代中期，随着数据仓库、联机分析处理和数据挖掘等技术的出现，数据仓库、联机分析处理和数据挖掘技术相结合逐渐形成新的智能决策支持系统，这是对早期的智能决策支持系统的扩充，如图5-3所示。新的智能决策支持系统通过对数据进行分析获得决策信息和知识，与早期的智能决策支持系统方式完全不一样，两种智能决策支持系统不是替代关系，两者间是相辅相成的关系。

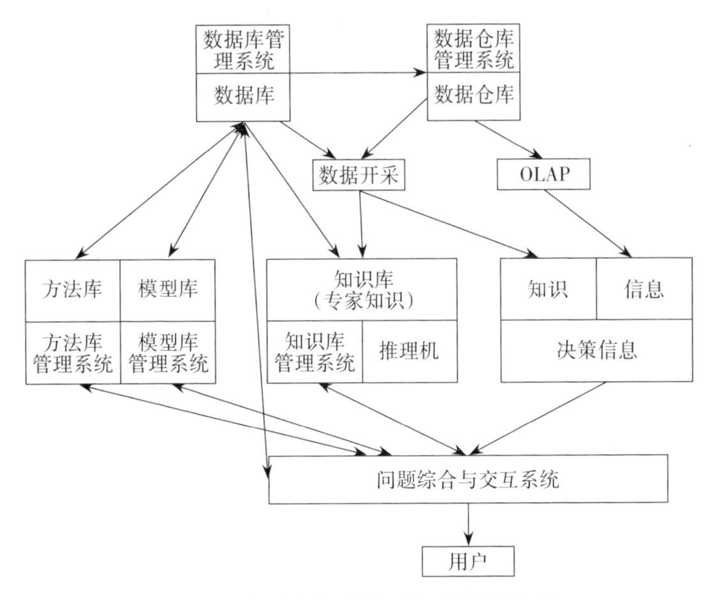

图5-3　新的智能决策支持系统的结构图

当前,智能决策支持系统与知识管理、互联网技术和云计算都存在一定的相关性。知识管理和云计算实现知识共享和资源共享。智能决策支持系统通过对共享的数据、模型和知识的决策资源进行辅助,并解决一系列的决策问题。在网络环境下,智能决策支持系统以云计算技术为基础,对网络上的共享资源进行最大价值的使用,实现智能化的决策支持。

智能决策支持系统有如下特点:

(1)它具有较好的人机接口,利用自然语言处理系统能够较好地理解自然语言,采用模型运行结果的解释机制,决策者以简单、明了的方式理解及分析问题求解结果。

(2)它能实现对知识的表示与处理,可以高效地提供大量的模型构造知识、模型操纵知识以及求解问题所需的领域知识。

(3)它具有智能的模型管理功能,除支持结构化模型外,还应该提供模型自动选择、生成等功能;把模型当作一种知识结构进行管理,简化各子系统间的接口。

(4)它具有较强的学习能力,以修正和扩充已有的知识,使问题求解能力不断提高。

(5)它综合运用人工智能中的各种技术,对整个智能决策支持系统实行统一协调、管理和控制。

5.3 智能决策支持系统的分类

随着分布式计算和网络计算的出现,结合当前的计算机技术,使得智能决策支持系统逐渐产生新的概念和结构。以智能决策方法对智能决策支持系统的类型进行划分,分别为人工智能、数据仓库和范例推理,如图5-4所示。

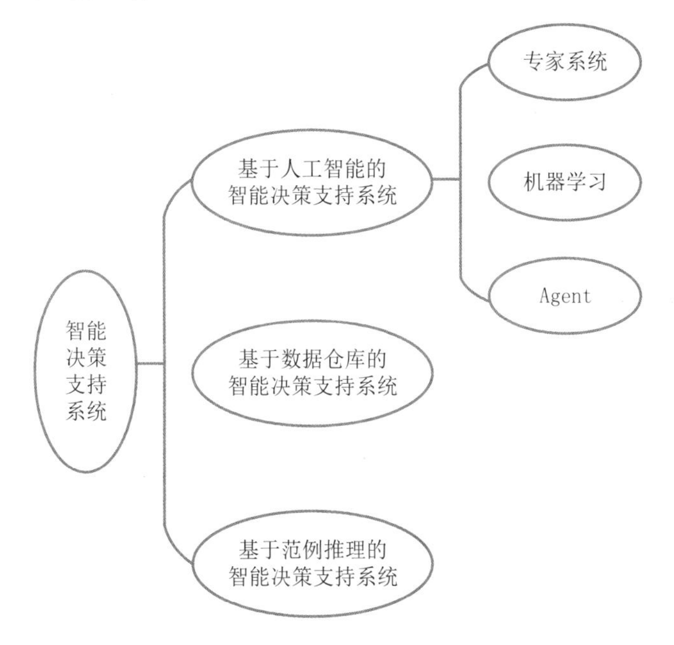

图5-4　智能决策支持系统分类图

1.基于人工智能的智能决策支持系统

人工智能和决策支持系统相结合，应用专家系统技术，使智能决策支持系统能够更充分地应用人类知识，如图5-5所示。人工智能和智能决策支持系统相结合，主要有如下几种方式：

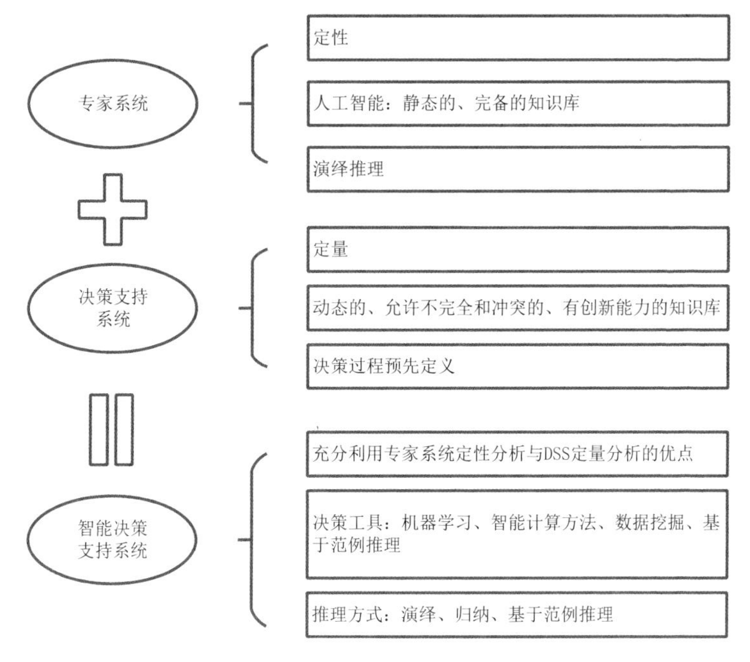

图5-5　基于人工智能的智能决策支持系统

(1)基于专家系统的智能决策支持系统

目前，在智能决策支持系统中，专家系统是最常见的一个应用方向。它是由知识库、推理机和数据库组成，采用非数量化方式对知识进行表达，利用自动推理机对实际问题进行求解及分析。该类型智能决策支持系统主要以数量化方式把问题进行模型化，再利用数值模型计算出来的结果给决策者进行反馈。

(2)基于机器学习的智能决策支持系统

机器学习具有自动获取知识的能力。通过与决策者对话获取用户输入数据的描述信息,根据决策者提供的信息生成决策实例,对不同决策问题进行自动识别,并以显式的方式表示决策结果。对于给定领域的任务,基于机器学习的智能决策支持系统能够实现模型操纵知识的自动获取,指导决策者在缺乏经验的情况下根据已有的知识进行问题求解。

(3)基于Agent的智能决策支持系统

Agent(能自主活动的软件或者硬件实体)是当前人工智能研究中的一个热点,Agent具有知识、目标和能力等特性。结合决策支持系统与Agent的结构,使决策支持系统具有更加人性化的智能,使其真正成为辅助决策者进行科学决策的有效工具。一种基于Agent的智能决策支持系统结构如图5-6所示。

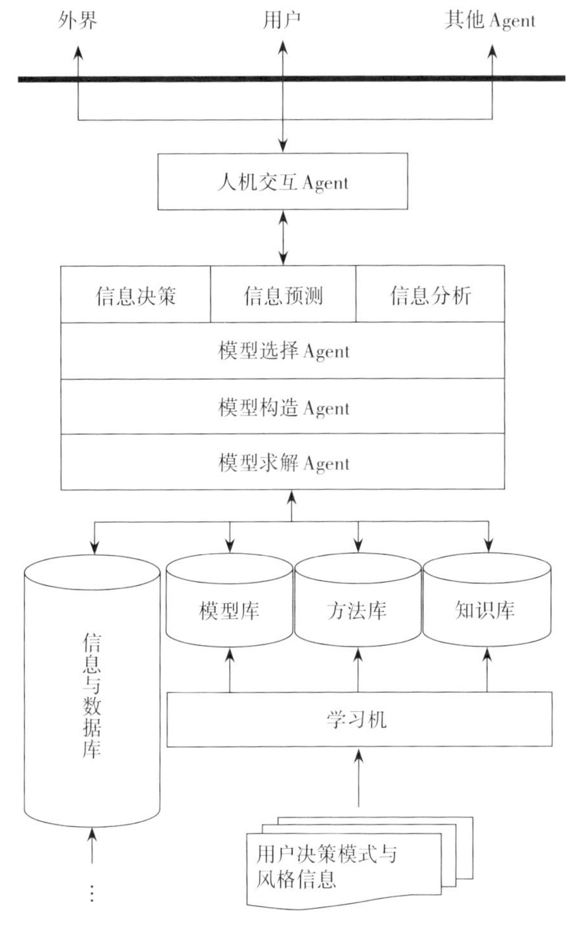

图 5-6　基于 Agent 的智能决策支持系统结构

2. 基于数据仓库的智能决策系统

数据仓库通过多数据源信息的概括、聚集和集成，建立一个面向主题的、集成的、时变的、持久的数据集合，从而为决策者提供大量的可用信息。在数据仓库发展的同时，联机分析处理技术也跟着发展起来，它通过对数据仓库的多方面因素（即时、多维、复杂查询和综合)进行分析,得出隐藏在数据中的总体特征和发展趋势。

3.基于范例推理的智能决策支持系统

范例推理方法是从已有的经验中发现当前问题线索并解决问题的方法。把已知经验汇集在一起,构成一个范例库,称之为“问题处理模型”。再把当前处理的问题作为范例,将存储的问题或情境作为源范例。采用案例推理技术处理问题时,首先在范例库中搜索源范例,源范例与目标范例相匹配时,再对范例的匹配情况进行分析及调整。由于基于范例推理的智能决策支持系统能够简化知识获取的过程,对过去的求解过程进行复用,有效提高了问题求解的效率,对有些比较难以计算推导的求解问题,范例推理能够发挥很好的作用。

5.4 智能决策支持系统的典型应用

随着决策支持系统和人工智能技术的快速发展,由决策支持系统和人工智能技术融合的智能决策支持系统也在不断完善,应用范围越来越广泛,给人们的生活和工作带来了很多便利。

1.智慧医疗

随着医疗行业的快速发展,利用人工智能技术不仅改变了传统的医疗模式,还节省了医疗资源,有效地解决了医疗系统的不完善、医疗成本高、覆盖面窄等问题。如今,临床决策支持系统已成为智能医疗的重要辅助手段,医生合理地使用临床决策支持系统,可以提升他们的医疗水平,降低误诊、漏诊及医患纠纷的风险。

临床决策支持系统是一种基于人机交互的医疗信息技术应用系统,其目的是为医疗相关的从业者提供临床决策支持,能够辅助医疗从业者及时做出决策。其中,人卫临床助手和惠每临床决策辅助系统便是临床决策支持系统成功应用的典型。

(1)人卫临床助手

2016年10月,人民卫生出版社推出了人卫临床助手。人卫临床助手存储了近65年来人民卫生出版社的精品专著和2000多家医院的案例,并建立专家委员会,对资料的审核、发布流程进行严格监督,再把权威内容存入数据库中。同时,它还制订了“图书选题策划、三审三校”标准，新知识、新病例和新工具在人卫临床助手中不断更新。人卫临床助手界面如图5-7所示。

图5-7　人卫临床助手手机App界面

人卫临床助手包含大量的医疗案例，不仅为医疗从业者提供了医疗证据，还为医生的日常学习提供了丰富的资源和平台。

(2)惠每临床决策辅助系统

2016年，惠每科技发布了一款基于人工智能技术的惠每临床决策辅助系统。该系统结合了国内最新的医学文献和医学专家领域知识，采用自然语言处理和机器学习方法，给医疗从业者提供了智能分诊、鉴别诊断、慢病合理用药与疾病知识库查询的功能，提升了医疗水平。

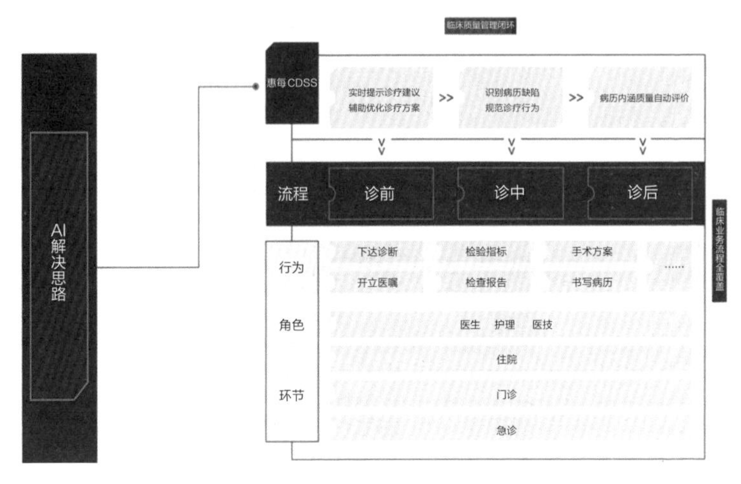

图 5-8　惠每临床决策辅助系统结构图

惠每临床决策辅助系统分为三部分，分别为：诊前问诊/分诊阶段、诊中决策阶段和诊后治疗阶段。

在诊前问诊/分诊阶段。患者通过惠每智能分诊系统对自身的症状进行自检自查，系统通过一系列引导性问题对患者的病情进行适当评估，并快速地给出最好的处理建议。该系统与微信公众号、手机App、医院自助挂号机等多个终端互联，给患者带来了便利。

诊中决策阶段：用户得到医院授权后，将电子病历中的数据输入到惠每临床决策辅助系统中，系统就能够辅助门诊医生充分了解患者的病情。此外，系统还可以发现症状和疾病之间的关联性，帮助医生提高医疗能力和工作效率。

诊后治疗阶段：在这一阶段，惠每临床决策辅助系统不仅能够提供丰富的疾病资料，还包含对疾病治疗的处置、检查、用药及患者指导等建议。此外，惠每临床决策辅助系统把慢病用药指南电子化，可以对患者病情进行评估，自动生成患者的治疗方案，供医生进行参考,并推荐适合的用药方案。

目前,惠每临床决策辅助系统已经在国内近千家医院、社区卫生服务中心和诊所得到应用。

2.财务顾问

财务顾问决策支持系统主要针对银行顾问业务,帮助客户在投资融资、资本运作、资产重组、发展战略等业务活动中提供精准的服务。

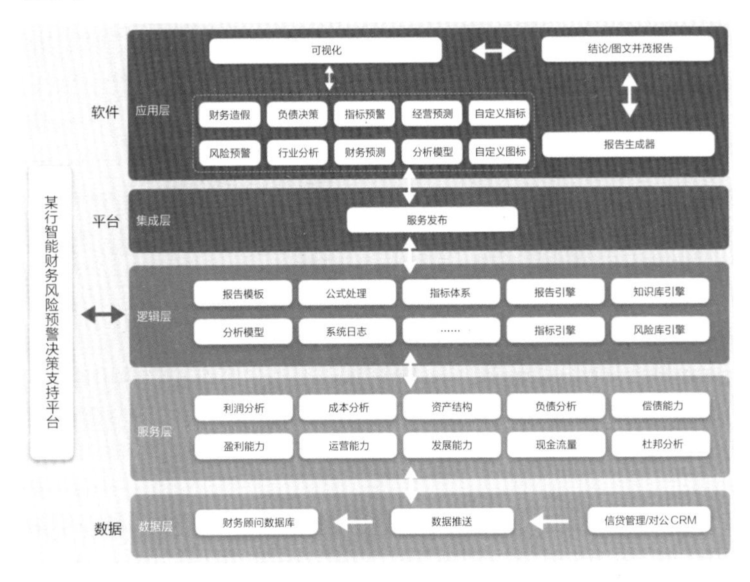

图5-9 智慧金融顾问决策支持系统结构图

以经邦财务顾问决策支持系统为例,简要说明智慧金融顾问决策支持系统的功能。

经邦财务顾问决策支持系统是一款针对银行财务顾问业务进行分析、预测、决策的一体化和智能化工具。通过对贷款企业客户三大财务报表、经营数据进行多维度穿透查询、数据提取和报告生成,实现顾问报告的自动撰写;利用行业数据实现宏观/微观行业分析、中观产业分析、企业间比较分析、智慧预测等功能。它还提供财务管理、投融资、理财等方面的日常咨询功能,并提供专题培训,以及发布银行最新的消息、政策等。还能够向客户经理提供财务顾问软件在线使用、数据智能导入、生成财务分析报告、常用指标分析、自定义指标分析等服务。从管理会计学、财务数据分析学角度就企业经营的10个环节,进行了全面分析判断与分析评价。

图5-10　智慧金融顾问决策支持系统的特色

经邦财务顾问决策支持系统从利润、成本、资产结构、资本结构、经营协调性、偿债能力、盈利能力、发展潜力、现金流量、营运能力等方面,对企业的经营财务状况全面进行分析诊断,能够得出科学的分析诊断结论。

3.智能电网

智能电网是完全自动化的分布式供电系统,从发电端到用电端集成了双向通信及信息技术,通过采用先进的传感和测量技术、设备技术、控制方法和先进的决策支持系统技术,实现电网的可靠、安全、经济、高效、环境友好和使用安全的目标，以提升能效和电力服务的可持续性。智能电网的核心是实现电网的信息化、数字化、自动化和互动化，被称为“坚强的智能电网”。

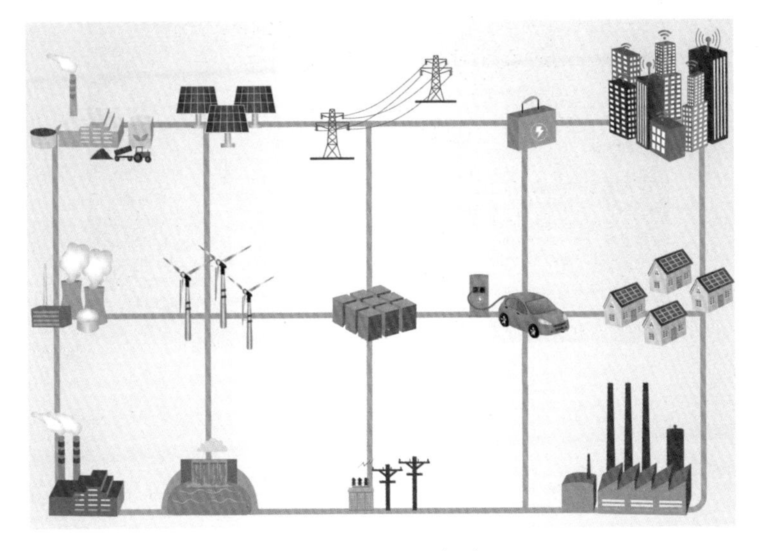

图5-11　智能电网概念图

智能电网决策支持系统对智能电网的运行管理起着重要作用。智能电网决策支持系统能够收集电网运行的结构和参数信息，计算不同运行方式的各种参数，对计算结果进行综合评估分析，并将运算过程和结果进行存储及撰写运行方式分析报告。智能电网决策支持系统有利于提升电网的智能化水平和维护电网的稳定运行。

4.智能证券

深度学习技术的发展，正在深刻改变着证券业的运营模式。在股价预测、客户关系管理等方面，深度学习技术已逐渐替代了职业操盘手和客户经理的角色。

智能证券决策系统，又称为“高智能交易决策系统”，采用智能支持决策系统技术，结合人工智能算法，根据股市特性自动匹配最佳交易策略。

图5-12　人工智能交易概念图

第六章

潜力无穷：深度学习还能做很多事

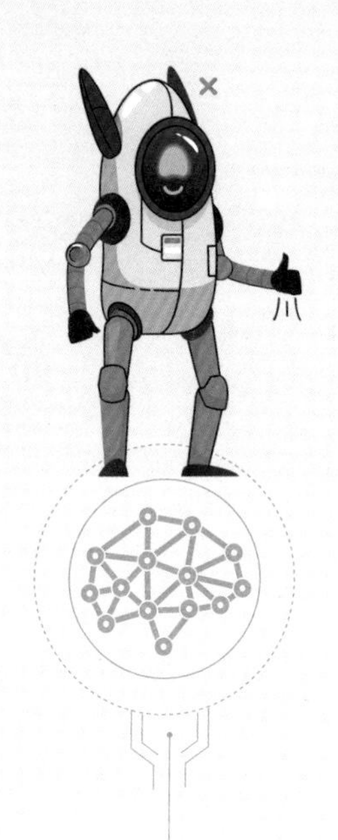

在前面内容的阅读中,我们知道了深度学习在图像识别、机器翻译、智能决策等领域已大显身手。那么,深度学习还能够为我们提供什么样的服务呢?深度学习在我们的日常生活及工作中还有哪些应用呢?其实,你使用扫地机器人为你打扫卫生时,你使用导航软件为你找路时,你使用手机上的语音识别功能时,你接打在线服务电话时,这些事情的背后都有深度学习的功劳。接下来,本章将主要介绍深度学习在日常生活中的一些典型应用。

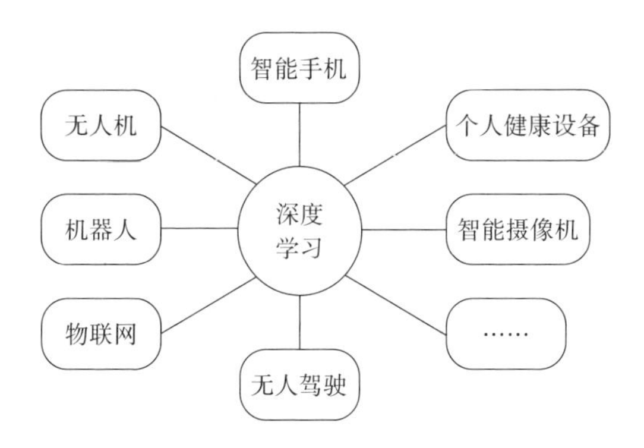

6.1 无人驾驶

从第一辆汽车出现至今已有一百多年的历史。随着科技的不断进步，人们对汽车功能的需求也越来越多。想到未来某一天，我们可以不需要驾照，也不需要司机，直接向汽车发个命令，汽车就能够安全、舒适地把我们送到目的地，这是多么令人兴奋的事情啊！其实现在很多人已经意识到，无人驾驶的相关科技成果已经在我们身边发挥作用。

2019年7月3日，在百度AI开发者大会上，百度无人驾驶出租车项目“Apollo Go”在会上首次亮相。百度智能驾驶业务负责人透露百度自动驾驶已达到L4级别。国际自动工程协会制定的无人驾驶的等级分别是L0—L5级，即人工驾驶为L0级，辅助驾驶为L1级，部分自动驾驶为L2级，条件自动驾驶为L3级，高度自动驾驶为L4级和完全自动驾驶为L5级。百度自动驾驶汽车在城市道路测试里程已经突破200万千米，测试车辆达到300辆，目前已在13个城市进行测试。

图6-1　2019年百度AI开发者大会

在无人驾驶领域,谷歌于2009年开始启动无人驾驶汽车项目,其无人驾驶技术在过去若干年里始终处于领先地位。谷歌无人驾驶汽车不仅获得了在美国数个州合法上路测试的许可,也在实际路面上积累了上百万千米的总测试里程。谷歌研发无人驾驶汽车的目的是防止发生交通意外、给人们更多空闲时间和减少汽车含碳气体的排放量。图6-2为谷歌研发的无人驾驶汽车。

图6-2　谷歌无人驾驶汽车

除了百度和谷歌之外，特斯拉在推广无人驾驶汽车方面也成效显著。自2014年下半年开始，特斯拉在销售其电动车时，向车主提供可选配的名为Autopilot的辅助驾驶软件。在辅助驾驶过程中，该软件依靠车载传感器实时获取的信息和预先通过机器学习得到的经验模型，能够自动调整车速，控制电机功率、控制转向系统，帮助车辆避免碰撞。这些功能的设计都是无人驾驶汽车必备的能力。

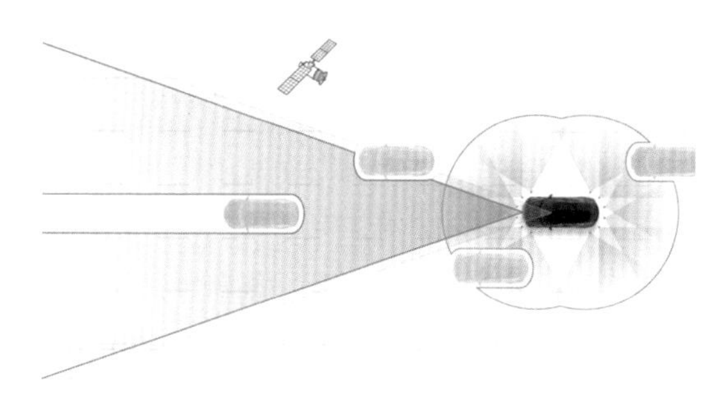

图6-3　特斯拉AutoPilot工作原理示意图

无人驾驶汽车的工作原理是什么呢？无人驾驶汽车是智能汽车的一种，也称为轮式移动机器人，主要依靠车内以计算机系统为主的智能驾驶仪来实现无人驾驶的目的。它是利用车载传感器来感知车辆周围环境，并根据感知所获得的道路、车辆位置和障碍物信息，控制车辆的转向和速度，从而使车辆能够安全、可靠地在道路上行驶。无人驾驶汽车的原理如图6-4所示。

图6-4　无人驾驶的原理图

无人驾驶汽车集自动控制、体系结构、人工智能、视觉计算等众多技术于一体，是计算机科学、模式识别和智能控制技术高度发展的产物，也是衡量一个国家科研实力和工业水平的重要标志，在国防和国民经济领域具有广阔的应用前景。

从目前市场需求来看，无人驾驶技术可能很快会在一些行业落地。在出租车行业，滴滴已经在为无人驾驶技术用于共享经济而积极布局。在物流行业，无人驾驶的大货车上路运营也许离我们不远了。在公共交通领域，加载智能驾驶公交系统的无人驾驶大客车在开放环境的某城市道路上安全行驶了32.6千米，最高时速达到68千米/小时，途经26个信号灯路口，完成了跟车行驶、自主换道、邻道超车、自动辨别红绿灯、定点停靠等试验科目，最终顺利到达测试终点。在社区服务方面，无人驾驶的智能环卫车已经开始投入作业，如图6-5所示。“电动化、智能化、网联化和运营智慧化”已经成为环卫车产业的未来发展方向。

图6-5　使用百度Apollo技术的智能环卫车

当前，无人驾驶技术日渐成熟，总体安全概率甚至高于人类驾驶员，其商业化和大范围应用只是时间问题。但是，无人驾驶技术是不是完美的呢？还需要攻克哪些难点？

其实，在无人驾驶技术应用中，还有很多需要深入思考并妥善解决的问题，这也可能是谷歌为什么迟迟不开始无人驾驶汽车商业销售的原因吧。例如，当你驾驶过程中前方车辆突然刹车，而你已经无法让车无碰撞地停下。此时，在你车的左边有一辆大货车在行驶，右边是一群等待过马路的行人。在这种突发情况下，通常你会选择撞上车辆而不会去撞行人，这样虽然会导致车辆损坏甚至你本人受伤，但是不至于伤及他人性命。可是，无人驾驶汽车该如何处置这种突发事件呢？它会不会为了降低车辆损坏的风险而选择冲向行人呢？就目前的科技水平而言，无人驾驶汽车的智能系统难以超越人类的判断与认知水平，在突发事件时的智能决策是一个值得深入研究的问题。此外，在责任认定方面也存在问题，如果发生了交通事故，责任应该如何认定？是归因于汽车生产厂家还是无人驾驶汽车？还是归因于什么都没有做的车内乘客？目前还没有相应的法律来说明这一点。还有，无人驾驶系统的安全性也是一个非常重要的问题。如果无人驾驶系统本身存在一些漏洞（像计算机操作系统一样），可能会导致恶意人员入侵并控制你的汽车，那会是一场灾难，你的汽车可能会成为杀人工具，带来不可预知的后果。

6.2 智能推荐系统

推荐系统的任务就是联系用户和信息，帮助用户发现对自己有价值的信息，同时让信息能够展现在对它感兴趣的用户面前，从而实现信息消费者和信息生产者的双赢。

推荐系统有3个重要的模块：用户建模模块、推荐对象建模模块、推荐算法模块。通用的推荐系统模型流程如图6-6所示。推荐系统把用户模型中兴趣需求信息和推荐对象模型中的特征信息匹配，并使用相应的推荐算法进行计算筛选，找到用户可能感兴趣的推荐对象，然后推荐给用户。

推荐系统的应用领域有：电影和视频推荐，个性化音乐推荐，图书推荐以及电子商务、邮件、位置、广告、社交等推荐等。

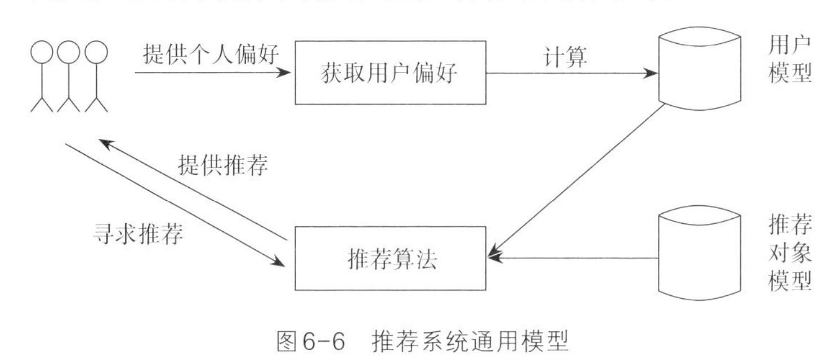

图6-6　推荐系统通用模型

小红书App可以通过独特算法为用户提供内容精准推送。系统通过用户的浏览习惯,分析用户感兴趣的热点信息,精确找到用户的需求,把用户感兴趣的内容推送到用户的发现页,而这些内容如果恰好是用户需要的和感兴趣的,就会吸引用户下单购买。小红书App自动推荐的笔记(视频+软文+图片),如图6-7所示。

图6-7　小红书App自动推荐的笔记

当你打开今日头条App时,系统会自动推荐你感兴趣的新闻。例如,今日头条的"今日热门事件"新闻推荐功能,它会为我们推荐当天发生的热榜信息,如图6-8所示。

图6-8　今日头条自动推荐的新闻

通过个性化推荐，今日头条在短短几年时间内，成长为互联网领域炙手可热的明星。今日头条融合了多种特征进行计算，包括兴趣、年龄、性别、行为等用户特征，地理位置、时间、天气等环境特征，主题词、热度、时效性、质量、作者来源等文章特征。利用深度学习等人工智能技术，通过数据计算特征，根据特征计算结果进行个性化推荐，最终实现“千人千面”的新闻推荐方式。

正如今日头条创始人张一鸣所提到的，头条的目的就是满足用户需求。事实上，今日头条也一直凭借技术优势根据用户的喜好进行推送新闻从而向用户靠拢。诚如“你关心的，才是头条”这句广告语，已将今日头条的思想诠释得很彻底。

天猫首页作为用户打开手机天猫App的第一印象，所推荐的商品极大地决定了用户接下来的行为。当你打开天猫的那一刻，它为你完成了华丽的变身，成为世上独一无二的“天猫”，这就是智能推荐的力量。“效率和体验并重”成为天猫首页新的优化目标。图片嵌入、深度学习、知识图谱等新技术已在天猫首页的推荐系统中成功应用,为用户带来了更好的体验。

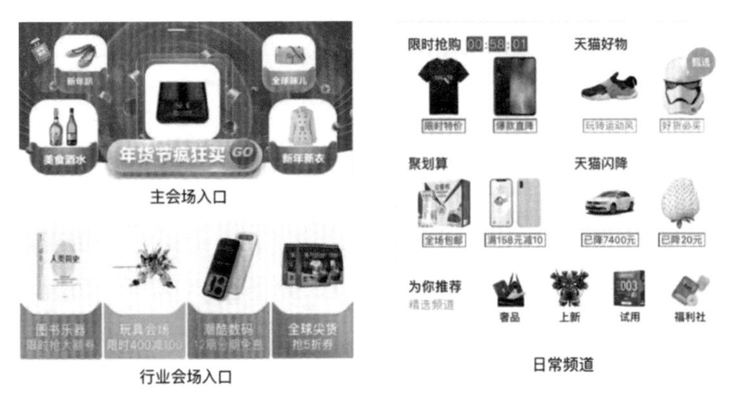

图6-9　天猫首页(左)及日常频道(右)

天猫首页的场景主要包括大促会场入口和日常频道两大类,如图6-9所示。其中左图为大促会场入口,包括主会场入口和行业会场入口。主会场入口通过为用户推荐7个商品(3个在中间动态轮播)给大促主会场进行引流;行业会场入口通过为用户推荐4个个性化会场。右图为日常频道,包括限时抢购、天猫好物、聚划算、天猫闪降和精选频道。

6.3 深度学习的其他应用

1.深度学习玩游戏

谷歌的Deepmind团队除了开发出AlphaGo及Alpha Zero等围棋博弈软件,他们的技术人员还用深度强化技术教会了人工智能玩《打砖块》这款经典小游戏。测试过程中,程序员并没有依据任何游戏规则进行特殊的编程,他们只是将键盘的控制权交给人工智能系统,然后对它进行不断训练。起初,人工智能系统玩得十分糟糕,但经过两个小时的训练之后,它的水平已经不输于这款游戏的资深玩家了。

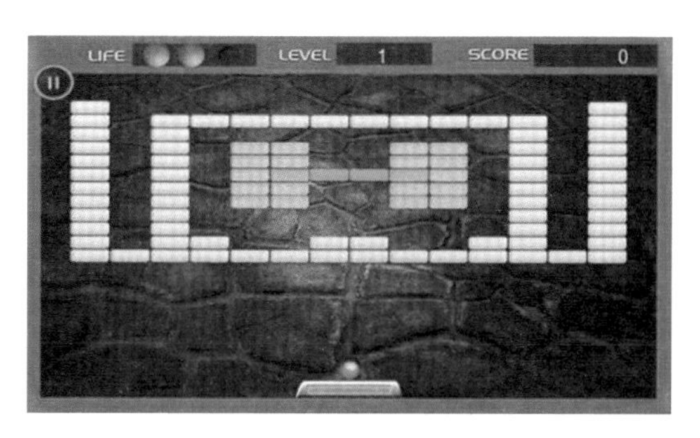

图6-10 《打砖块》游戏界面

目前,深度学习技术还应用在了《超级玛丽》《星际争霸》《DOTA2》等有明确目标的游戏中。

2.黑白照片着色

为了美化照片效果,很多人希望将以前拍摄的黑白老照片变成彩色照片。在以前,这项工作似乎只有专业的图像处理师才能够完成。现在,深度学习技术通过学习自然存在于照片中的某些模式,比如,天通常是蓝的、云是白的或者灰的、草是绿的等常识。通过这类规则,深度学习技术不需要人类的介入就能对照片进行重新上色。

图6-11　黑白照片着色效果

3.无中生有:生成新照片

来自OpenAI的研究者们开发了一套能够通过文字创建相应图片的DALL·E模型。这个被创建出来的图片可能是网络上已经存在的图片,也可能是根据自己的理解“画”出来的。例如,从文本“一个长颈鹿乌龟”生成的图像示例如图6-12所示。

图6-12　DALL·E模型生成的新照片

4. 智能搜索引擎

很多人都用过百度、搜狗、必应等搜索引擎，这些搜索引擎除了能提供传统的快速检索、相关度排序等功能，还能提供用户角色登记、用户兴趣自动识别、内容的语义理解、智能信息化过滤和个性化推送等功能。在实现这种能够根据我们的需要、智能化地为我们提供个性化服务的功能上，深度学习发挥了重要的作用。

也许你还不知道，当前的搜索引擎除了能够满足我们在信息检索方面的需求，还能够回答我们提出的问题，甚至还会帮助我们做数学作业。例如，我们可以直接向百度提问："世界上有多少个国家？"百度将会直接给出我们想要的答案，如图6-13所示。

图6-13　向百度提问并获取答案

再如，我们直接在百度中输入"26的平方是多少"，百度会在眨眼之间把正确答案呈现给我们，如图6-14所示。

图6-14　用百度计算数学问题

上述应用只是深度学习技术在当前日常生活中的一些典型实例。随着技术的发展,相信深度学习技术能做的事情会越来越多。

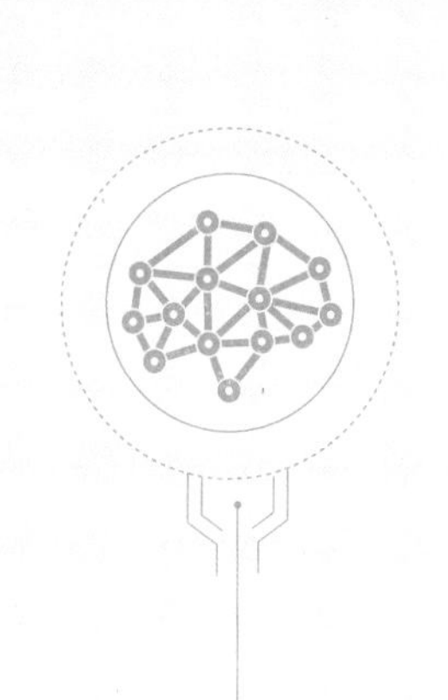

第七章

人机共存：一切为了解放人类

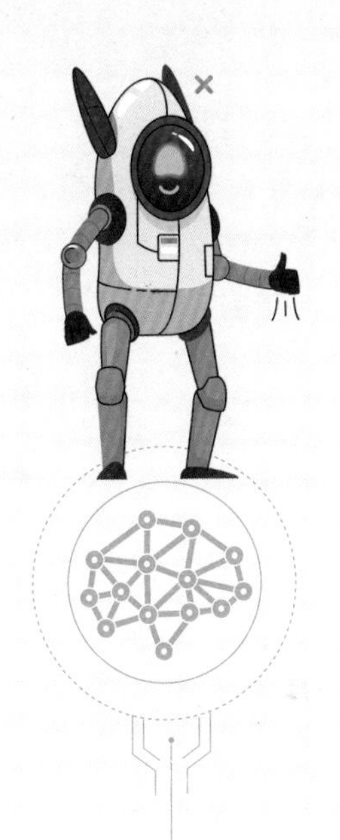

人工智能时代，技术的突破会不会超出我们对人工智能的想象，我们应该如何看待人类与机器之间的关系？人类应该以更好的姿态拥抱人工智能技术，让机器做机器该做的事情，让人类做人类该做的事情，通过让技术适应人类，让个体变得更加强大，让世界变得更加美好！

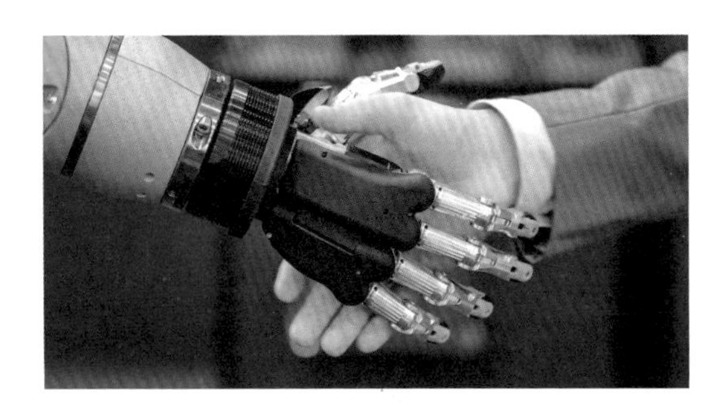

7.1 从科幻电影说起

如果你对未来科技、机器人、科幻电影感兴趣,那么这些名词你一定不会陌生:阿西莫夫“机器人三大定律”、控制论和反控制论、意识移植、人工智能、机械纪元……而你一定也知道“拥有自我意识的机器人到底会不会反叛人类”是有关机器人的科幻电影和小说中历来讨论不休的话题。还有很多类似问题,比如:拥有自我意识的机器人到底还是不是机器?它们与人类究竟又有什么区别?人类是该拥抱科技,还是警惕智能机器的反叛?当机器逐渐生物化,人类却逐渐机械化,到底需不需要担心?

当前,机器人已经在人类的工厂里、家庭里扮演着越来越重要的角色,是时候从现实的意义上去思考机器、人工智能和人类的关系了,让我们先去看看具有代表性的科幻电影中是如何反思这些问题的吧!

电影《大都会》是历史上成本最高的无声电影,设想了机器人顶替人类的可能,拉开了机器人科幻电影的序幕。

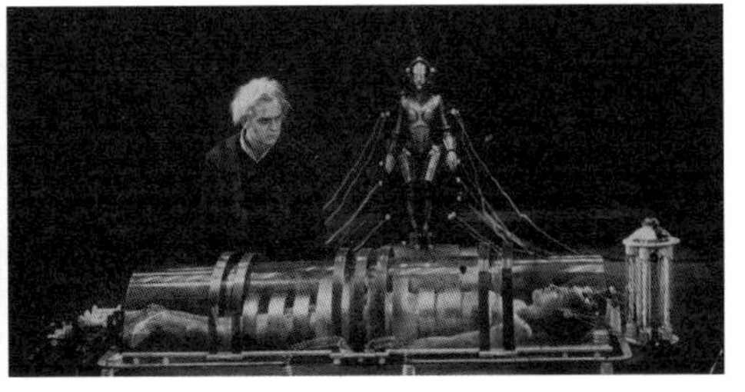

图7-1 《大都会》电影海报　　图7-2 《大都会》影片截图

电影《机器管家》则描述了机器人安德鲁在一户人家连续四代做管家的故事。在经历数年的风雨和人类的生离死别后，机器人安德鲁拥有了人类的知识，也逐渐学会了如何体会人类的情感。此后的岁月，安德鲁不断追求着自由乃至爱情。最终，在一位工程师的帮助下，他从里到外，将自己的机器零件替换成了人工器官，几乎变成了一个真正的人。

这部电影中最终出现了一个非暴力的人工智能，而大部分专家也乐观地认为，人工智能是完全能够与人类实现和平相处的。

电影中的机器人一心想成为人类，它们可能没有这样的愿望，这使人类显得有些太"以自我为中心"了。现实中，机器人是否会产生这样的想法？这是一个值得深入思考的问题。

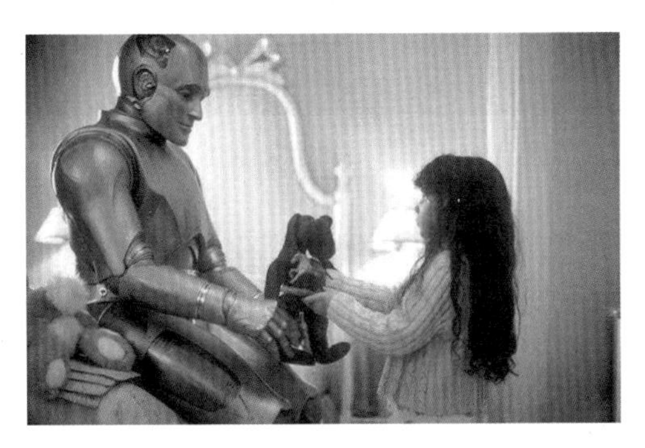

图7-3 《机器管家》影片截图

电影《我，机器人》描述了在机器人“三大法则”的限制下，人与机器人和谐相处的未来社会，并对其充满信任。但在一款新型机器人产品上市的前夕，机器人的创造者阿尔弗莱德·朗宁却在公司内离奇遇害。对机器人心存芥蒂的黑人警探戴尔·斯普纳怀疑行凶者就是朗宁博士自己研制的NS-5型机器人桑尼。随着调查的步步深入，真相竟然是：机器人获得了进化的能力，产生了自我意识，对“三大法则”有了自己的理解，随时会成为整个人类的“机械公敌”。

电影重现了著名的机器人三大法则：第一法则：机器人不得伤害人类，或因不作为使人类受到伤害；第二法则：除非违背第一法则，机器人必须服从人类的命令；第三法则：在不违背第一及第二法则的前提下，机器人必须保护自己。

目前来看，机器人不会改变自己的程序和目标，更不可能自行创造出新的思想。

图7-4 《我，机器人》影片截图

电影《机器纪元》讲述了2044年的地球上人类与机器人在矛盾中努力共存的故事。机器人蹲守在围城的水泥钢筋墙上，以落寞的姿态忠诚保护人类的安危，维持人类社会的运转。同时，暗夜里呆滞茫然的机械眼神和孤独寂寥的金属背影又隐隐透露出超出非生物机器人本身的人类情绪，或深思，或悲伤。从机械金属的身形姿态来暗示影片包含的人文主题。

图7-5 《机器纪元》电影海报

关于人工智能或机器人具有自我意识以及人机如何共存的电影有很多，比如，《人工智能》《银河系漫游指南》《机器人总动员》《超验骇客》《超能查派》《未来机器城》等。这些电影从不同的科幻角度描述了人类对未来人工智能社会发展的思考和猜想。

每个人都关心自己的命运，也有很多人关心国家的命运，但是除此之外，我们还应该关心人类的命运。未来社会究竟如何发展？如何看待人类与机器人之间的关系？这些问题已经引起相关学者及科学家的广泛关注和深入思考。

如果要严肃地讨论相关问题，不能只依据科幻电影中的情节来妄下结论，而应该以严谨的态度，进行科学推测。从未来学的角度出发，以目前社会伦理及技术发展来看，笔者认为，未来人类社会与机器人之间的关系，主要取决于人类如何对待同类的态度，毕竟机器人是人类创造的，其智力及情感来源于创造它的人类，即机器人是以人类为尺度的。因此，相信未来很长一段时间，人类与智能机器人将会是和谐共存的。

7.2 碳基生命和硅基生命

谈到人类和机器人，大家都有一个基本的常识，人类与机器人的基本构成完全不一样。对人类细胞结构和功能起关键作用的是碳元素，我们称之为碳基生命。对于以含有硅以及硅的化合物为主的物质构成的生命，我们称之为硅基生命，也就是我们通常说的智能机器。下面对碳基生命和硅基生命进行简要介绍。

碳基生命就是以碳元素为基本元素，构成其他有机物形成的生命体，比如说DNA就是以碳链为骨架的双螺旋结构（如图7-6所示），碳基生命的呼吸会产生二氧化碳等。我们习惯于把人类和其他生物统称为碳基生命，因为生命的构成都是碳水化合物。

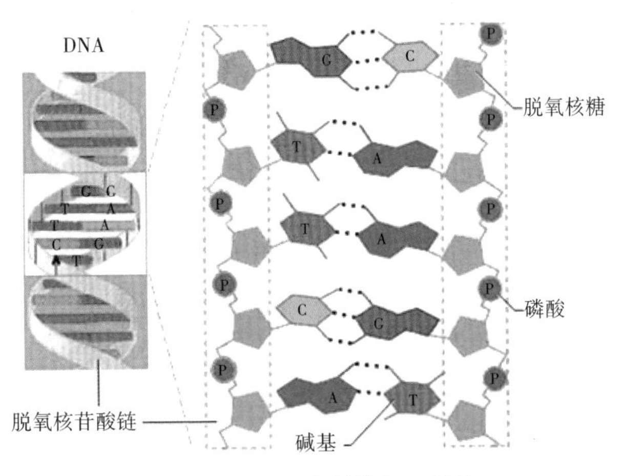

图7-6 DNA双螺旋结构示意图

硅基生命就是以硅元素为基本元素，人们通常把计算机或者芯片这类系统统称为硅基，因为芯片的基础材质是二氧化硅。硅基生命就是智能机器人，它们呼吸产生二氧化硅等，不过目前这种生命只在科幻电影或小说中存在，如图7-7所示。

图7-7　硅基生命（科幻）

如果人的思维方式可以用电脑模拟，并把人的经历存储在机器里，那么人是否可以以机器的形式永存，进而实现长生不老呢？如果有一天脑机互联技术实现了人类和电脑的共生（碳基生命到硅基生命），就算肉体因为各种各样的原因不能继续，意识也能永远存在，即以另一种形式活着，从而实现碳基生命和硅基生命的融合。从目前来看，这只是一种幻想，在技术实现上，虽然已经有了一定的可能性，但是距离真正实现还有很长的路要走。

7.3 硅基生命不可能统治地球

从物质构成上来看，地球上所有生物都是由基本相似的物质组成。一个典型的生物细胞，比如人体细胞的总质量当中，96%是由氧（65%）、碳（18%）、氢（10%）、氮（3%）这4种主要元素构成的，其余的则是由少量其他元素构成的，比如钙、磷、钾、硫、钠、氯、镁、铁等，这些元素相互结合，构成氨基酸、核苷酸、葡萄糖等生命小分子，如图7-8所示。

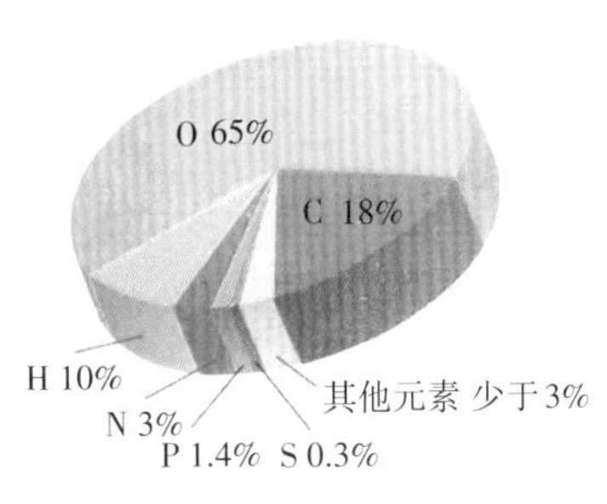

图7-8　人体细胞的元素组成

就目前的研究成果而言，在太阳系中地球是唯一拥有液态水的天体。地球表面积约5.1亿平方千米，其中陆地面积占地球表面积的29.2%，海洋面积占70.8%。地球是一个实实在在的水球，水是地球上一切蛋白质生命所必需的溶液和介质。然而，硅-硅键和硅-氢键在质子溶剂中的不稳定性导致了水无法作为硅基生命的介质。虽然这一特性不会因此排除硅基生命在地球上存在的可能，但存在大量液态水的星球肯定是排斥硅基生命的。

科学家们推测，由于元素和物理规律在全宇宙都是相同的，因此生命的产生多半也遵循相同的公式：碳基+氢氧氮+液态水+岩石星球。也就是说，外星生命的起源大概率也是碳基的，也需要一个类地行星。如果我们承认生命的本质在于记忆、计算、意识这些独立于其载体的东西，那么硅基相比碳基是具备优势的，硅基生命不需要像碳基生命在物理层面上做那么多准备。

人工智能时代的智能机器，类似于农业时代的生产工具和工业时代的机械装置，技术的发展及新事物的产生只不过是人类为了更好地解放生产力、发展生产力并造福自己的手段，还远未达到人类制造的产品完全超越人类并妄图控制人类的地步。因此，在可预见的未来，硅基生命不可能取代碳基生命统治地球。

7.4 智能时代：人机共存，和谐发展

正如小说《人机共生》中所描述的那样，在可预见的未来，人机协作随处可见，让机器做机器该做的事，让人做人该做的事，人类与智能机器共同工作、共同增强，一切都是为了造福人类。在这样的时代里，智能机器不求回报地几乎代劳了人类的所有工作，压在每个人身上的工作或生活压力会小很多，人生目标及人的价值观会呈现出多样化的特征。

那么，在人机共存的崭新时代里，人生的意义是什么呢？如何过完一生才最有价值呢？人们会不会变得像电影《机器人总动员》中的人类后代一样懒惰和肥胖呢？

电影《真实的人类》中，合成人说："我不惧怕死亡，这使得我比任何人类更强大。"人类则说："你错了，如果你惧怕死亡，那你从来就没有活过，你只是一种存在而已。"这是人与智能机器的本质区别，智能机器不能像人一样感悟生命的意义和死亡的内涵，也不能像人一样伤春悲秋、触景生情……所有这些感触只有人类才有，也正是因为人类的生命有限，才使得每个人类个体的思想和生命都如此宝贵、如此独特。

图7-9 《真实的人类》电影海报

因此，人之所以为人，是因为我们有感情、会思考、懂生死，而“感情”“思考”“自我意识”等人类特质，正是需要我们全力培养、发展与珍惜的东西。

在人工智能时代，只会在某个领域从事简单工作的人（如工厂流水线上的工人、出租车司机等），很可能会被机器所取代。如果不想在未来社会被机器取代，唯有从现在开始，不断提升自己，善于利用人类的特长，善于借助机器的能力，找到自己的独特之处，成为在情感、知识、素养上都更加全面的人，这才是未来社会里各领域人才的必备特质，也是人与智能机器和谐共处的先决条件。

正如《生命3.0》一书所述，人类从智人起步，用卓越的智能打败了所有生命1.0和生命2.0的物种。现在，面对生命3.0的超级智能体，人类已经认识到，生命带来的丰富独特的体验更加重要，这些体验才能让我们的人生饱含意义。所以，人类可以给自己起一个新名字：“意人”。这个“意”是意识的“意”，也是意义的“意”。人类要从智人到意人，勇敢迎接“智能爆炸”带来的生命3.0时代！

人生在世，无论是理性还是感性，我们所见、所知、所感，相对于宇宙长河而言实在太有限了。在人工智能时代，我们可以更多地借助机器和网络的力量，更好地感知整个世界，体验人生的酸、甜、苦、辣，这样才不枉我们短暂的生命在宇宙中如流星般走过的这一程。

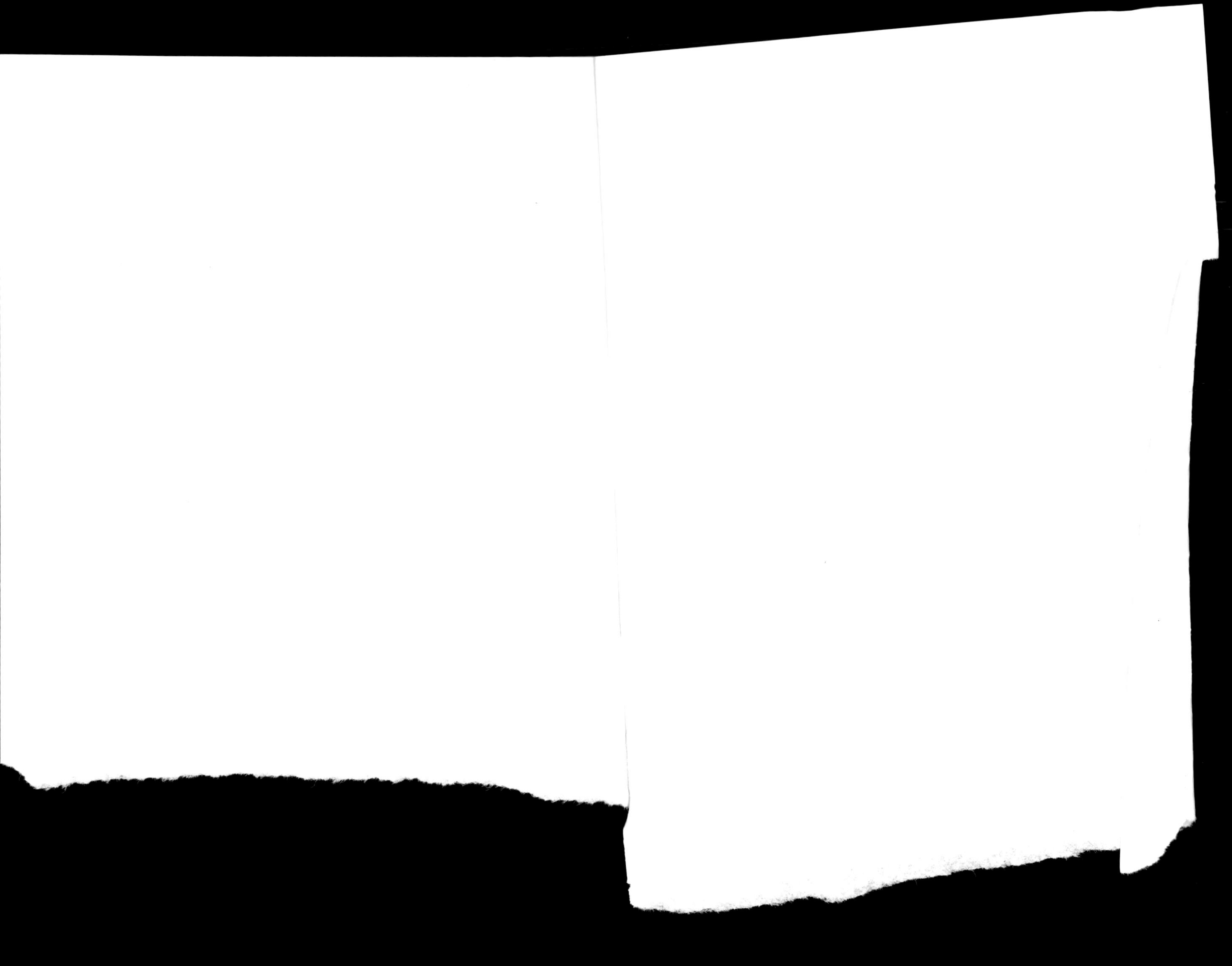

责任编辑：张浩宇
装帧设计：闰江文化

出版先声

天猫旗舰店

ISBN 978-7-5697-1896-6
9 787569 718966
定价：39.00元